# 自然再生の環境倫理

## 復元から再生へ

富田 涼都
Ryoto Tomita

昭和堂

# はじめに

日本において自然再生という言葉が環境政策などの場においてさかんに登場するようになってから一〇年以上が経つ。二〇〇二年に日本政府が発表した「新・生物多様性国家戦略」、二〇〇三年一月に施行された「自然再生推進法」は、自然再生が生物多様性の保全において注目されるきっかけとなった。その後、自然再生事業は日本各地で行われ、二〇〇八年に出された総務省の「自然再生の推進に関する政策評価書」によれば、大小あわせて三〇〇件以上行われているという。二〇一〇年一〇月の名古屋の第一〇回生物多様性条約締約国会議（CBD／COP10）の前に制定され、二〇〇八年六月の「生物多様性基本法」による法定計画となった「生物多様性国家戦略二〇一〇」においても、私たちが持続可能な社会を作っていく重要な手段として自然再生が随所に位置づけられた。

しかし、自然再生という言葉がさかんに登場するようになったものの、実際の自然再生の姿は場所や現場によって多様である。自然再生推進法を見ても「過去に損なわれた自然環境を取り戻すことを目的」として、「地域の多様な主体が参加」して、「自然環境を保全し、再生し、もしくは創出し、またはその状態を維持管理すること」とされており、法律上の定義においても、自然再生が指し示す範囲は、維持管理から創出までを含む広いものだとわかる。

それでは、望ましい自然再生とはどのようなものだろうか。

自然再生という言葉が生まれ、環境政策に位置づけられ、大小さまざまな取り組みがされている背景を考えると、人間による自然の恵みの享受という問題を抜きには考えられない。そもそも環境問題や持続可能な社会の構築が人類規模の問題としてさかんに取り上げられるようになった大きな要因のひとつとして、私たちが自然の恵みを享受し続け社会を持続させることに黄色信号が灯っていることが、さまざまな研究や試算、予測によって判明しつつあるからである。「生物多様性の保全」という生態系に関する規範も、なぜそれが問題とされるのかを考えれば、生物の絶滅や保全活動を含めて人の営みとの関係性があってはじめて問題化されうることがわかる。そして私たちは、二〇一〇年に名古屋のCBD／COP10で、生物多様性の保全をめぐって時に国家間の利害が衝突するさまを目の当たりにした。それは、自然の恵みを享受し続けることの世界規模の争いが現実のものとして露頭を見せた瞬間であり、自然と人間の関係をめぐる問題が深く人間の社会のあり方に根差していることを示していたといえるだろう。いずれにせよ、今さかんに行われている自然再生という取り組みが、私たちが自然の恵みを享受し続けることに寄与し、何らかのかたちで持続可能な社会を構築することを期待された取り組みのひとつとして生まれてきたことは間違いない。

したがって、自然再生は単純に生態系の姿のみを見て論じられるものではないことがわかる。生態系だけをいくら論じても、そこにかかわり、恵みや災いを受ける人や社会の姿が捉えられなければ、持続可能な社会の構築は望めない。むしろ、自然物そのものに内在的価値があるかないかにかかわらず自然の恵みを享受し続けようとする私たちと自然の相互の関係性、すなわち「人と自然のかかわり」を捉えてあるべき方向性を見出さなければ、持続可能な社会の姿は見えてこないだろうし、「望ましい自然再生とは何か」という問いに答えることもで

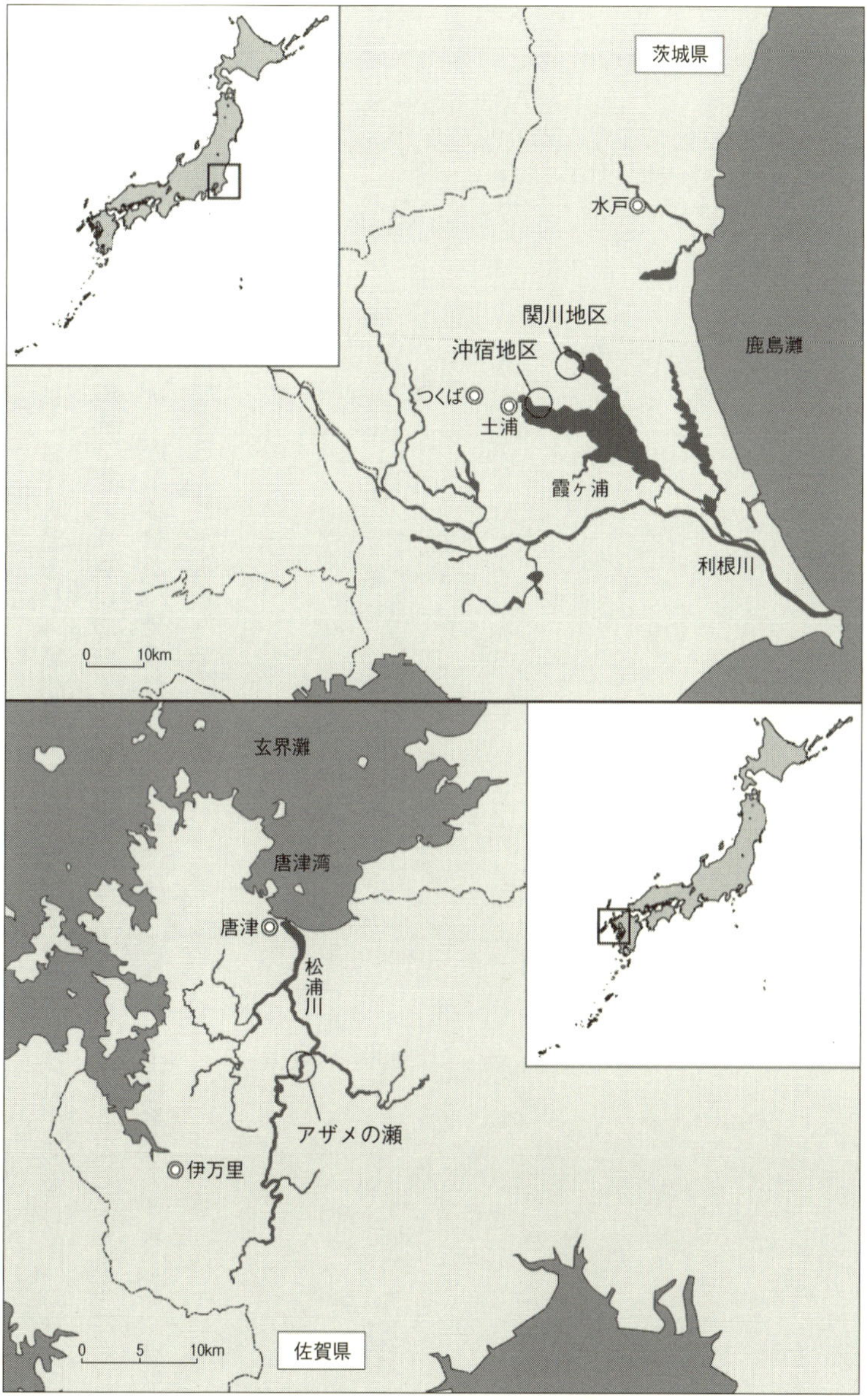


図0－1　本書で扱う事例地の位置

きないだろう。この本は、そのような問題意識のもとに書かれている。そして、三つの自然再生事業の事例研究から（図0－1）、私たちの社会における望ましい自然再生の理《ことわり》を見出そうとする試みである。

それでは、持続可能な社会の構築という点において、自然再生はどのような取り組みとして位置づけられ、何を守るべきものとしているのか。近年議論が活発に行われるようになってきた「生態系サービス」と「再生」という言葉を手がかりにして整理することから試みを始めよう。

目次

第1章
# 自然の〈再生〉を考えるために

網を揚げる霞ヶ浦の漁船

## *1*　自然再生事業と守るべき自然の変遷

そもそも自然再生事業は、どのような自然を対象として、何を守るべき自然としてきたのだろうか。

まずは自然再生事業がどのように発展してきたのかを簡単に見てみよう。生態学的な配慮のもとでの自然再生事業の発端は、アメリカで一九三五年に行われ、レオポルドがその中心的役割を果たしたウィスコンシン大学でのプレーリー復元実験であるとされている（渡辺・鷲谷 二〇〇三）。当時、広大なプレーリーは開拓によって農地へと姿を変えたが、植被をことごとく失った農地は強い日射や風雨によって表土飛散の原因となっていた。とくに一九三〇年代には大規模な旱魃のため大規模な砂嵐が発生するようになり、農業被害が深刻な状況に陥ったことが復元実験の背景にあるという。しかし、この取り組みは、経済成長優先の風潮のなかで、あまり社会に影響を与えることはなかった（渡辺・鷲谷 二〇〇三）。

しかし、時を経て一九八〇年代、環境保護活動がアメリカの国有林森林計画策定へ参加し、アメリカ北西部の森林管理をめぐる紛争が激化するなかで変化が訪れる（諏訪 一九九六、岡島 一九九〇）。環境保護運動と森林利用運動の板ばさみとなった森林行政は、その状況を打開するために生態系の保全と人間社会を総合的に考えるエコシステムマネジメント（ecosystem management）という概念を国有林の経営方針に据える（柿澤 二〇〇〇）。これを一九九三年に発足したクリントン政権が後押ししたこともあり、森林管理の分野だけでなく、その他の自然資源管理機関、環境規制官庁、企業などにも広く受け入れられるようになった。そして、一九九三年に始まったアメリカ北西部森林計画の策定作業（柿澤 二〇〇〇）や、一九九六年のグランドキャニオンダム下流の制御洪水実験（鷲谷 一九九八）、二〇〇〇年に水資源開発法によって承認されたエバーグレイズ総合再生計画（渡辺・鷲谷 二〇〇三）などの実績をあげ、エコシステムマネジメントは「地域の生態系の望ましい特性、すなわち生物多様性や生産性の持続、あるいはそれらの回復のため」（鷲谷 一九九八：一四八）のものとして、アメリカでは広く普及した。

自然再生事業は、こうしたエコシステムマネジメントの動きを背景に、とくに生態系の復元を意図した取り組みとして発展してきた。日本においても、茨城県霞ヶ浦の「アサザプロジェクト」をはじめとして、蕪栗沼（宮城県）、釧路湿原（北海道）、豊岡盆地（兵庫県）などの、自然再生に関連する取り組みが一九九〇年代に入り本格的に行われてきた（日本湿地ネットワーク 二〇〇二、菊地 二〇〇三）。政策的には、二〇〇一年に総理大臣の主宰で「二一世紀『環の国』づくり会議」が開催され、その報告書において「自然再生型公共事業」という提言が盛り込まれたのが発端である（二一世紀「環の国」づくり会議 二〇〇一）。そして、二〇〇二年には生物多様性国家戦略が改訂され、重点をおくべき三つの施策の基本方向として、保全の強化、持続可能な利用とならび、自然再生が政策的に位置づけられることとなった（環境省 二〇〇二）。こうした経緯のなかで自然再生推進法は、二〇〇二年七月、第一五四国会に議員立法として提出され継続審議となり、始まった第一五五国会で一一月に修正を経て衆議院を通過。一二月に参議院で付帯決議がつき可決・成立し（平成一四年一二月一一日法律第一四八号）（亀澤 二〇〇三）、二〇〇三年一月一日より施行された。この前後から、日本国内においても数多くの自然再生事業が行われるようになる（総務省 二〇〇八）。

このような経緯で行われてきた自然再生事業であるが、その再生する対象である自然をどう見るか、何を守るべき自然と考えるかという点において、一九三〇年代のプレーリーの再生実験のころと現在では大きく異なっている。

二〇世紀前半ごろの生態学では、一九一六年に発表されたクレメンツの遷移説や、一九四〇年代のエマーソンの個体間の協力行動を説明するためのホメオスタシス概念のように、生物のような有機体として生態系が語られてきた（瀬戸口 二〇〇〇、沼田 一九六七）。それは、現状の生態系がどのようなものでも、人の手を加えずに放っておけば、あたかも恒常性を持つように「放っておけば元の本来の姿に落ち着く」イメージを持つ。この有機体的な生態系観は、人為が入らず放っておかれた状態としての原生自然を至上の守るべき自然とするような自然保護運動を下支えする結果になった。仮に有機体としての生態系を前提とすれば、生態系そのものの状態が詳細にわからなくても、人為の有無だけで守るべき自然を判断することができたからである。

もちろん、そもそも人為の影響のない生態系が本当に守るべき自然なのかという疑問もあった。たとえば、日本でいえば守山弘は一九八〇年代に『自然を守るとはどういうことか』というタイトルの本で、伐採更新や落ち葉掃きなどの人の手が入り続けなければ維持する事ができない「里山」の雑木林を例にとり、「『まもられるべき自然』とは、いっさいの『人為』が排除された原生自然以外のものではありえないのだろうか」と問いかけた（守山 一九八八：二）。この問いの背景として、原生自然を至上とする自然保護運動のもとでは、人為の影響下にあるとされる里山のような「二次的自然」は価値を認められにくいという事情があった（沼田 一九六七）。

守山の問題提起が根源的なタイトルの本においてわざわざ行われたことを考えれば、少なくとも日本において一九八〇年代後半までは、現場において原生自然を至上とする自然保護運動が一定の力を持っていたと考えるべきだろう。もし、原生自然がもっとも価値ある守るべき自然であれば、原生ではない人為の影響を受けた生態系の保全はその代償に過ぎず、次善の策でしかない。そのため、古典的な生態系観のもとでの里山保全などの「二次的自然」にかかわる自然保護は、そもそも対象が守るべき自然なのかどうかという問いが投げかけられ続け、その位置づけに苦心する運命にあったのである。

こうした状況に対して、生態学においても重要な変化があった。一九六〇年代以降、生態学において生態系が有機体のアナロジーで語られることはほとんどなくなっており（瀬戸口 二〇〇〇、鷲谷 一九九八）、代わって動的で不均質なシステムとして理解されるようになった（Pickett and White 1985）。このダイナミックな生態系観では、生態系は複雑な生物間相互作用や撹乱などによって局所的な個体群が消長を繰り返すなどするため、具体的な姿は常に変動しており、ある状態に収束するとは限らない。少なくとも当初の遷移説のように単純なものではなく、むしろ複雑系として捉えられるようになった。

これは生態学的な知見をもとにした自然保護にとって大きな意味を持つ。従来の有機体的な生態系観による発想なら、過去にどのような人為があっても長い時間をかけて放っておきさえすれば、本来の姿である望ましい生態系の姿で安定する。すなわち、自然保護にあたって人為を排除することさえ考えれば、具体的な生態系の姿を検証せずとも生態系は守るべき自然としての「本来の姿」へと遷移すると考えられる。しかし、ダイナミックな生態系観に基づくと、生態系は人為の有無にかかわらず変動を続けている。つまり、自然保護において現状の生態系を放置したとしても、それが望ましい守るべき自然の姿になる保証はない。こうして、里山の管理のように、生態系を望ましい状態にしようとする人為を自然保護として位置づけられるようになったし、人為の加わっ

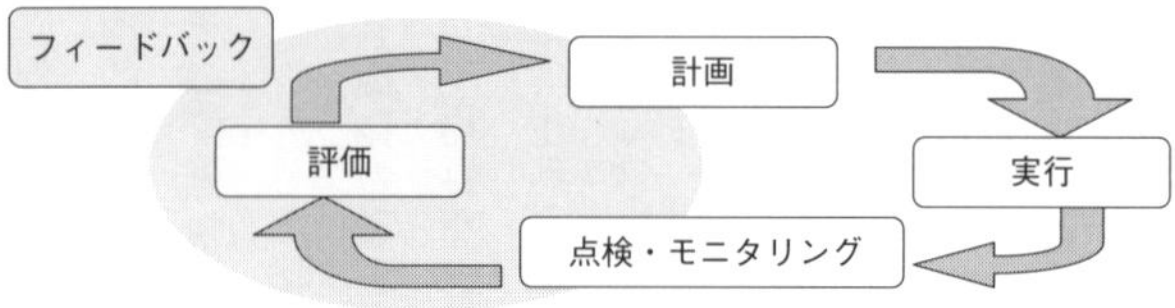


図1−1　順応的なプロセス

た「二次的自然」であっても望ましいと判断される生態系であれば、守るべき自然として積極的に考えることができるようになった。

また、生態系がダイナミックで複雑なシステムとして捉えられるようになったことで、生態系の持つ予測不可能な動態に対応するための順応的管理（adaptive management）という政策的な手法も生まれることになった。これは、持ちうる科学的知見に限界があることを認めたうえで、ある事業をひとつの「仮説」として実行し、その結果をモニタリングによって評価して事業にフィードバックさせるという試行錯誤の繰り返しであり、「為すことによって学ぶ（learning by doing）」とされる政策実践の手法である（勝川 二〇〇七：六五六、Walters 1976: 146）。

もっとも、この発想そのものはさほど珍しいものではない。たとえば近世の日本の河川管理においては、様子を見ながら事業を進め、結果が芳しくない場合には軌道修正をするという「見《み》試《ため》し」という手法が行われてきた（大熊 二〇〇二）。つまり、科学をはじめとする人間の知見が常に不確実性をはらんでおり、未来に対しての予測は限定的にしか行えないことを前提とした政策の実践手法が順応的管理といえるだろう（図1−1）。

実際、ここで対象とする複雑な動態を持つ生態系が（人間による影響があろうとなかろうと）、どのような姿へと変わっていくのかということを知ること自体、科学知をもってしても非常に困難である。生態系は数多くの生き物どうしの相互関係によって成り立っているが、さまざまな関係が複雑に重なっており、せいぜい一対一の関係についてはわかっても、それが複数重なったときの関係性を知ることは難しくなる。そのことを考えれば、人間が働きかけたのが個別の関係だったとしても、その反応が生態系という複雑なシステム全体としてどのような結果がもたらされるかを正確に予測するのはきわめて困難であると理解できる。しかも、こうした不確実性は、ある理論的前提としてのフレーミングのなかでしか形成できないという科学理論の特性（村上 一九七九）や、時間的な制約（鷲谷 一九九八）などから、すべてが解消されるということ自体がありえないと考えられている。その点においては、安全やリスクといった問題と状況は同じである（松田 二〇〇五）。そのため、この手法は、科学的知見に基づく「生物多様性の保全」や、河川管理、この本で事例として取り上げる自然再生事業などの自然環境にかかわる政策の遂行において広く応用されている（鷲谷・草刈 二〇〇三：一八）。

## *2* ダイナミックな生態系観と生物多様性の保全

このようにダイナミックな生態系が望ましい状態にあるのかどうかを議論するためには、何らかの評価手法が必要になる。生物多様性（biodiversity）という概念は、この評価のために、守るべき自然がどのようなものであるのかを議論していくことに貢献したと言える。

そもそも生物多様性という概念は、一九八六年にワシントンで行われた生物多様性フォーラムにおいて登場した造語であり（瀬戸口 一九九九）、生態系における遺伝子、種、個体群、群集・生態系、景観などのさまざまなレベル（階層）の多様性のことを指している（Wilson 1992=2004; 瀬戸口 一九九九）。細かい定義の仕方や、階層の分け方などは論者によって異なっているが、遺伝子、個体群、種、生息・生育場所、生態系、景観、生態的プロセスなどのあらゆる要素や関係の多様性の総体という点は一致している（McAllister 1991）。これらのことから、生物多様性という概念は、ただ種数が多ければよい、というような単純な「多様性」を意味するのではなく、まさに生物界のあらゆるものを対象にした包括的な概念であることが理解できる。より比喩的にいえば「生きものの賑わい」といえるだろう（岸 一九九六）。つまり、里山などの「二次的自然」も、生物多様性で評価することで望ましい状態の生態系として評価できる可能性が生まれたし、その状態を作り出した人間の行為もその生態系固有のダイナミズムを助けるものとして評価することが可能になったのである（武内ほか 二〇〇一）。そう考えると、生物多様性という言葉が一九九二年の地球サミットで締結された「生物多様性条約」以降に爆発的に普及していった時期と同じくして、里山保全など「二次的自然」についての取り組みがさかんに行われるようになったこと（松村・香坂 二〇一〇、広木 二〇〇二、武内ほか 二〇〇一）は、まったくの偶然ではないだろう。

しかし、そもそも生態系をダイナミックなシステムとして、とくに生物進化などに要する長い時間スパンで考えれば、仮に現状として生物多様性が良好と判断される生態系があったとしても、それがそのまま生態系の唯一無比の望ましい姿となるわけではない。たとえば、生物進化の長い時間スケールで見ると、地球規模の気候変動や自然災害などによるカタストロフィックな生態系の変動や生物の大絶滅はこれまで何度となく発生してきた。つまり、人間が生存できるどうかという条件を考えなければ、未来の生態系のとりうる状態（具体的な生物多様性のありさま）には相当な幅がある。こうした知見をふまえて、数理生態学者のレヴィンは「もしかすると自然はそれほど脆弱ではないのかもしれない。自然は結局、適応複雑系の一つであって、環境ストレスにさらされれば変化をとげて新しいシステムへ移行するのであろう。しかし、人類が依存しているサービスを維持する点においては脆弱である。（中略）だから、我々は自然がどれだけ脆弱かということだけでなく、自然のもたらすサービスがどれだけ脆弱かを問うべきである」（Levin 1999=2003: 35）と指摘している。

どのような時間や空間スケールを考えるかによって、生態系のダイナミズムへの評価は異なる。したがって守るべき自然として、現在にいたる生物多様性を形作った生物進化を含む生物間相互作用の歴史的な固有性を尊重するにしろ（平川・樋口 一九九七、川那部 二〇〇三）、あるいは里山のように生物間相互作用のなかに人間の活動を積極的に位置づけようとするにしろ、生態系への評価は時間や空間スケールの恣意的な線引きを免れない。[*1] そのため、目の前にある生態系が望ましいものなのか、守るべき自然はどのようなものなのかは、生態系の現状の姿や変動の履歴自体から自動的に決定できるわけではない。そもそも人類の存亡にかかわらず、生命が存在している限り、どのようなかたちであっても生態系というシステムそのものが消滅することはないし、究極的な意味の自然が消滅することはありえない（森岡 二〇〇九）。そう考えると、少なくとも環境問題において解決が必要なのは、レヴィンが指摘するように、生態系そのものよりも「人類が依存する生態系からのサービスの脆弱性」という問題、すなわち（単に物質的な意味だけでなく）人間社会の持続可能性が自然との関係によって脅かされているという問題である。

したがって、現代の自然保護、もっといえば持続可能な社会を構築するうえで問題とするべきは、守るべき自然の規定に人間の理念や価値判断が入ることそのものではなく、守るべき自然の評価、持続すべきものの判断をどのような理《ことわり》にもとづく理念や価値判断によって行うのかということだろう。つまり、ダイナミックな生態系観においては、私たちが、これからどのような社会を構築し、生態系との相互関係をどのように持つべきなのかという、未来の人と自然のかかわりの倫理によって守るべき自然が異なるのである。

冒頭の問いに戻れば、自然再生という取り組みは、もともと現状を維持しようとするのではなく、（過去に存在したとしても）現状では存在しない未来の生態系を守るべき自然として捉えようとすることに最大の特徴がある。したがって、自然再生における守るべき自然は何かと考えようとするならば、人と自然のかかわりの未来をどう構想するのかを先に問わなければならない。自然再生の取り組みが、目標としてどんな自然を守ろうとしているのか「わかりにくい」のはこのためである。つまり、自然再生は、生態系のダイナミズムだけではなく、未来の人と自然のかかわりのあり方をあわせて考えなければ、何を目標とするのか、守るべき自然が何なのかすらも十分に論じることができない。むしろ、自然再生を論じることは、未来の人と自然のかかわりのあり方を論じることと同義といってよいだろう。*2

## *3* 生態系サービスと生物多様性

そこで、未来の人と自然のかかわりのあり方を具体的に考えていくために、近年、保全生態学などでもよく論じられるようになった「生態系サービス（ecosystem services）」という概念に注目したい。生態系サービスとは、一九九〇年代より議論されるようになった概念で、人間が生態系から得ることのできるさまざまな便益（有形無形の財・サービス）、いわば「自然の恵み」全般を指している（Costanza et al. 1997, Daily 1997）。たとえば、国連環境計画（ＵＮＥＰ）では、二〇〇一〜〇五年にかけて国連ミレニアム生態系評価（ＭＡ）が行われ、世界中の生態系サービスをより詳細に検討した（Millennium Ecosystem Assessment 2005=2007）。ＭＡでは、生態系サービスが具体的にどのような便益であるかが議論され、供給サービス、調整サービス、文化的サービス、基盤サービスの四つに分類されている（図１－２）。

| 供給サービス | 調整サービス | 文化的サービス |
| --- | --- | --- |
| 食糧·水·木材<br>燃料など | 気候調整<br>洪水制御など | 審美·精神的価値<br>レクリエーションなど |
| 基盤サービス<br>栄養塩の循環·土壌形成·光合成など | | |

図1－2　生態系サービスの概念図

注：Millennium Ecosystem Assessment（2005=2007）より作成。

供給サービスとは生態系から得られる直接的な生産物であり、具体的には食糧や燃料、木材、水などがあげられる。「自然の恵み」としてはもっとも想起しやすいものだろう。次に、調整サービスとは生態系プロセスの調整から得られた便益であり、具体的には気候調節や洪水調節、土壌浸食抑制、水の浄化などがあげられる。そして、文化的サービスとは精神的な向上・娯楽・審美的経験を通して得られる非物質的な便益であり、具体的には文化的な多様性や精神的価値、レクリエーション、技能などがあげられている。そして、基盤サービスは三つのサービスの基盤をなすもので、具体的には栄養塩の循環や土壌形成、光合成、水循環などがあげられる（Millennium Ecosystem Assessment 2005=2007）。

もちろん、MAによる生態系サービス概念が適切かどうかは議論の余地がある。[*3] しかし、環境問題の解決や持続可能な社会の構築を考えるうえでMAが明らかにした重要な点は、生態系サービスが物質的なものから非物質的なものまで多岐にわたる事、人間の営みが直接・間接にこうした諸々の生態系サービスを享受しており人間の営みが維持できるかどうかは生態系サービスの享受を維持できるかどうかに依存しているという事、そして、生態系サービスの享受が生態系の状態（生物多様性）と相互作用を持っていると考えられていることの三点である。

私たち人間の営みが水や食糧の供給、大気の調整、遺伝子資源などの生態系サービスに深く依存していることに多くの説明は必要ないだろう。たとえば、

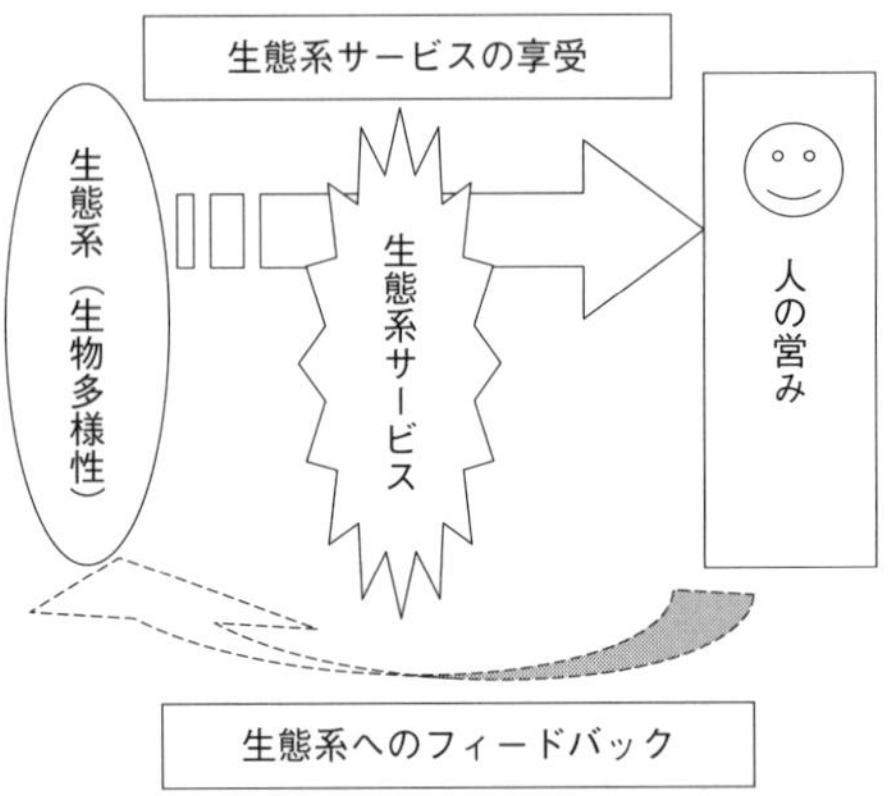


図1－3　生態系サービスの享受と生物多様性へのフィードバック

一九九七年に発表されたコンスタンツァらの経済学者や生態学者のチームの試算によれば、全世界において享受している生態系サービスは貨幣換算で平均三三兆ドル／年とされている（Costanza et al. 1997）。生態系サービスの貨幣換算が適切なのかどうかという問題もあるが、少なくともこの試算からも、人間の営みが生態系からの莫大な便益に依存していることは明らかだろう。人間が生物である以上、この生態系サービスを享受することなしに生きるのは不可能といっていい。

その生態系サービスの享受と生物多様性の相互作用について生態系の状態が生態系サービスの享受を支える要因になることは想像に難くない。魚が多く生息する豊かな海が多くの海の幸をもたらすことなどは典型例といえるし、人の影響の強い農地についても、物質循環や病害虫などを含む農地における生態系の状態によって、農地としての生産力は変化する。その一方で、「収穫」や「農地」自体の開発などの生態系サービスの享受に伴って行われる人間の営みが生物多様性に何らかの影響を及ぼすというフィードバックが存在する（図1－3）。たとえば、生態系サービスを享受しようとして乱獲を行ったり魚の生息地を破壊するような方法で漁獲を行ったり、農地を開拓したりすることで、生物多様性を損なってしまうこともある。その結果、生態系サービスの享受の持続に影響が出るほど生物多様性が損なわれる可能性もあるだろう。環境問題の歴史を振り返れば、人が特定の生態系サービスを享受しようとした結果、資源の枯渇や生物の絶滅、環境条件の悪化などによって生物多様性が損なわれて生態系サービスの享受の持続に支障をきたした例は枚挙に暇がない。

国連ミレニアム生態系評価では人間活動によって一部の生態系サービスは格段に向上したものの、生態系への影響のフィードバックによって、いかに別の生態系サービスが損なわれつつあり、人間の営みに打撃を与えるかをデータに基づいて示している（Millennium Ecosystem Assessment 2005=2007）。このことからも生態系サービスという概念は、まさに生態系サービスの享受によるフィードバックで生物多様性を損ない、必要な生態系サービスを失って人間の生活が持続できなくなってしまうことへの懸念から提起されていることがわかる。もちろん、里山のように、生態系サービスの享受にともなう人間の営みが生物多様性の豊かさに貢献し、より豊かな生態系サービスの基盤を作ることができたとされる例も存在する。[*4] しかし、生態系サービスの享受にはある程度の生物多様性の豊かさが必要になる一方で、逆にある時点で生態系から享受できるサービスがあったとしても、生物多様性が豊かであるとは限らない。たとえば、集約的な農地は多くの農業生産物という供給サービスをもたらすが、その生物多様性が豊かとは限らない。

## 4　持続的な生態系サービスの享受

このことから、生物多様性と生態系サービスが意味するものの違いを整理しておこう。生物多様性が生態系というシステムの状況を評価する指標であるのに対して、生態系サービスは人間が生態系から得ることのできる便益という機能（function）を示している。資源概念について検討を加えたジンマーマンの資源論においても、資源は事物や物質そのものを指すのではなく、その果たしうる機能であるとされている。そして、資源とはその機能が発揮されるための諸条件、すなわち物質だけなく知識や政策、社会的な調和などの社会的・文化的な要素の動的な相互作用から生成することが指摘されている（Zimmermann 1964=1985）。生態系サービスがあくまで機能と考えると、どんなに豊かな生態系があってもそこから人間にとっての便益が引き出せなければ特定の生態系サービスは存在しえないし、その持続を考えることすらできない。

したがって、生物多様性の保全ではなく、持続的な生態系サービスの享受を考えようとするならば、生態系サービスという機能が発揮されるための諸条件を検討しなくてはならないことがわかる。民俗学における生業論や環境社会学、文化人類学などの人間の生業にかかわる膨大な事例研究は、個別の生態系サービスが知識や政策、文化などの社会的媒介と生態系の動的な相互作用から生成されることを指摘してきた。たとえば、海における漁撈活動では、漁師が自分の海面上の位置を陸地側の目標物との角度で特定する「山アテ」という技能を持っていたり、魚の種類や生息場所、生態などについて、科学的な知識を凌駕するほどの精緻な独自の知識を持っていたりすることなどから、その担い手たちが科学知とは違う知識体系を持ち、きわめて高度な技能を持っていることがわかっている（篠原 一九九五）。つまり、仮に、海に魚が生息するという生態学的な条件が整っていたとしても、そこに高度な技術や技能を持つ担い手が存在してはじめて、人間は「魚」という生態系サービスを享受することができる。こうした高度な技能やその担い手などの社会的媒介が、生態系サービスを「引き出す」ために必要なのである。

また、社会的媒介は、直接自然に働きかける担い手や技能にとどまらない。たとえば、嘉田由紀子による琵琶湖のフィールドワークでは、地域住民が河川から水を直接使っていた時代には、「当時は、今よりもきれいだったけれど、でも上流でも洗いものをしてましたからねぇ。いろいろなものが流れてきましたよ。でも、汚いなんて思いませんでした」(嘉田 一九九五：三二)という語りのように、河川を化学的な清浄さとは異なる尺度で評価し、河川の水を使う文化が存在していたことが示されている。しかし、上水道が普及し、河川からの直接的な生態系サービスの享受が失われるにつれて、河川は危険で汚く近寄りがたいものとされ、河川における水の利用や魚とり、水遊びなどの営みは望ましくないものとされてきたのである(嘉田 一九九五)。つまり、人がある生態系サービスを便益として認識しうるためには、それを望ましいものとみなす文化がなくてはならないことがわかる。こうした、自然にかかわる文化は、水や食糧、遊びなどの個別の営みの背景として、人間が自然をそもそもどう認識するのかという、独自の世界観ともいうべき深い精神性と不可分である(松井 一九九八、田口 一九九四)。

また、生態系サービスの享受の変化が人の生活自体を変化させることで、連鎖的に他の生態系サービスの享受も変化させることが示唆されてきた。たとえば、琵琶湖沿岸のある集落では、集落内を流れる河川は農業用水の一角を占めていたほか、「米をとぎ、野菜や食器を洗い、洗濯をしていたばかりでなく」、「子どもたちにとっては水遊びの場であり、またアユやマスやウナギなどを捕まえる」(桜井 一九八四：一七〇—一七一)ような、多様な生態系サービスの享受の場だった。しかし、農薬の使用や耕耘機の利用などによる川の汚濁を背景とした集落への簡易水道の導入によって、さまざまな変化が発生する。これは、河川という面から見れば、簡易水道の導入によって、水という生態系サービスの享受の営みが変化したにすぎなかった。しかし、河川の水を直接使うという生態系サービスの享受は失われ、代わって下水を流す場所として集落内の河川が用いられるようになった。その結果、河川の水を直接使っていたころに行われていた河川の掃除などの管理がなくなったり、管理の省力化などのための護岸化なども進められたりした。その結果、「水を汚さない」という生活規範が失われるとともに、生態系へのフィードバックとしての河川と琵琶湖の水質の悪化や、人の営みへのフィードバックとしての川の掃除や魚とりなどの消失が同じくして発生し、河川における「水」以外の「魚」や「遊び」などの多様な生態系サービスが消滅したのである。

以上から二つの点がわかる。ひとつは、生態系サービスの享受は、生態系があれば無条件に可能になるのではなく、それを支える技能などを持った担い手の存在や、それを望ましいものとしうる文化を前提として成立すること。もうひとつは、ある特定の生態系サービスの享受が単独で成り立つのではなく、人の生活を支える他の生態系サービスの享受とも関係することである。

この二点をふまえると生態系サービスの持続的な享受は、単に生物多様性との関係だけではなく、そこから何らかの便益を生成する生態系と社会的・文化的要素の動的な相互作用プロセスをふまえて考えなければならないことがわかる。また生態系サービスを生成する生態系と社会的・文化的要素の動的な相互作用を具体的に見ていくための方法として、民俗学や社会学、文化人類学などで行われてきた歴史的文脈をふまえたエスノグラフィックな調査が有効であることもわかるだろう。どんな生態系サービスの享受も何の脈絡もなく「今ここに」存在しているわけではなく、なんらかの変遷を経ながら歴史的な文脈を背負って存在している（関 一九九九a、一九九九b）。もちろん、歴史的な文脈といっても把握の仕方は多様でありうるし、どの時点から文脈を見ていけばよいのかという問題もある。しかし、環境問題の解決という文脈でいえば、まず対象としなくてはならないのは現代に生きる人びとの持つ文脈だろう。[*5] すなわち、人びとが生きていく過程で経験してきたことの積み重ねとして人の生活とその認知される環境を含んだ日常の世界の変化を捉えていくことである。そうした作業によって、日常の世界をふまえたリアリティのある生態系サービスの享受のあり方を議論できるはずである。

## 5　人と自然のかかわりの〈再生〉へ

これまでの議論をふまえて持続可能な社会の構築という観点から考えるならば、自然再生は未来の持続的な生態系サービスの享受をめざす取り組みとして定義づけられる。ここで注意したいのは「持続的な生態系サービスの享受」といっても「川の水を直接飲む」というような個別具体的な人の営みの持続ではなく、あくまで「水」のような機能の持続をめざしているという点である。前節で紹介した琵琶湖での「水」という生態系サービスの享受を見ても、川の水を直接利用するのか、簡易水道を利用するのか、上水道を利用するのかは、その当時の生態系や社会の状況に対応して変化している。しかし、少なくとも「水」という機能を持続的に享受し、生活を維持してきたという点では共通している。もちろん、他の生態系サービスへの影響などをふまえ、特定の方法が望ましいのかどうかは議論の余地があるが、自然再生では必ずしも「川の水を直接飲む」というような過去の享受の方法自体を持続させたり復元させたりすることをめざすわけではない。そのため、生態系サービスの享受のための個別具体的な人の営みは、生態系や社会の状況に対応してダイナミックに変化しうるのである。

この営みのダイナミックな変化の可能性は、自然再生という未来への取り組みを考えるうえで重要な論点である。たとえば、環境倫理学者のエリオットは「偽りの自然（Faking Nature）」という論考のなかで、偽物の絵画はオリジナルの絵画とは違って価値がないことを引き合いにして、自然の復元事業（Restoration of Nature）を批判している（Elliot 1982）。つまり、エリオットによれば、複製の絵画は、どんなにオリジナルに類似して同等の機能を持ちえても、オリジナルの作者の創作というプロセスを踏んでいないがゆえに、複製とオリジナルは明確に区別されるし、複製には価値がないと指摘した。これと同様に、仮に技術的に自然を復元（Restoration）することができて同等の機能を持たせられるとしても、そのプロセスに「人間」の作為が介在しているために、その自然は「偽物」であって価値がないと批判したのである。

しかし、すでに検討したように、生物多様性で評価されるようなダイナミックな生態系観に基づけば、人間の介在そのものは生態系の状態を必ずしも悪くするわけではない。また、少なくとも人や社会の持続が危機にさらされる環境問題の解決という観点からすれば、重要なのは生態系サービスという機能の持続であり、エリオットのように人為の介在のみを取り立てて問題視する意味はない。そして、後述する事例研究のなかでくわしく明らかにしていくが、自然再生は「過去の復元」に事実上もなりえない。

むしろ、人や社会の持続という観点からは、営みの形そのものよりも、生活を維持するための機能が持続することが必要である。持続的な人と自然のかかわりを実現していくうえでは、生態系や社会の状況が変化したとしても、それに順応して生活を維持できることが必要になる。近年の保全生態学においては、生態系がある様相を保つ力であるレジリエンス（resilience）が議論されることがあるが（Suding et al. 2004; 鷲谷ほか 二〇一〇）、ここで議論してきた持続可能な社会の構築の文脈においては、社会的媒介と生態系の動的な相互作用から人や社会を持続するために必要な機能を保つ力としてレジリエンスを位置づけて議論することができる。

したがって、持続可能な社会の構築には人の生活を維持するための生態系から得られる機能の持続が重要であり、そこで新たに生成しうる具体的な生態系サービスの享受の営みそのものは、過去の復元ではなくダイナミックに変化しうるといえるだろう。この点を見誤ると自然再生は、伝統社会を素朴に称揚したりして、社会の変化を無視して人の営みに伝統的であることを強いかねない。これは生物多様性の保全や持続可能性の確保などが、ある種のグローバルスタンダードとなっている現代では決して杞憂ではない。たとえば、持続可能性や伝統的などの看板は、エコツアーなどによる莫大な外貨獲得や国際援助の呼び込みにも都合がよいため、内実はどうあれ国家の政策として取り込まれ強力に推進される傾向があることが指摘されている（佐藤 二〇〇二b、岩井 二〇〇二）。また、SATOYAMAイニシアティブに代表されるような「里山」の議論が、実際の多様な（そして、あまり持続的でないこともあった）里山の姿を捨象し、都合よく美化しているという批判もある（瀬戸口 二〇〇九）。むしろ、持続可能な社会という点からすれば、営みを変化させてでも生態系サービスという機能を享受し続けるレジリエンスを持った強靭な人と自然のかかわりが必要である。そこで、本書では、新しい生態系サービスの享受の姿が生成しうるプロセスを重視して、望ましい自然再生の目標を、自然の復元（restoration）ではなく、人と自然のかかわりの〈再生〉（regeneration）として提起したい。

これまでの環境問題においては、restoration（復元や修復と訳されることが多い）という言葉が使われることの方が一般的だった。先ほど紹介したエリオットが批判の対象にしたのも restoration of nature だったし（Elliot 1982）、一九九〇年代には restoration ecology（復元生態学・修復生態学と訳される）という学問分野も定着し、専門誌も発行されている。また、日本においても nature restoration の訳語として自然再生という言葉が用いられてきた。

しかし restoration という言葉は、過去のある状態への回帰や復帰などを意味する。歴史学的には「王政復古」を意味するため、英語で The restoration といった場合には、通常一六六〇年のチャールズ二世の即位による王政復古を指す。つまり、restoration（復元）は、ある過去に存在した状態をスタティックな目標として、それが元通り復活されるかどうかを問題にする。つまり nature restoration を文字通り受け取れば、それは過去の生態系を目標にしてそれへの回帰を狙う取り組みである。

しかし、ダイナミックな生態系を前提とし、人と自然のかかわりとしての生態系サービスに目を向けると、自然再生をある時点への生態系の restoration と考える発想では、ダイナミックに変化しうる生態系や社会への新たな順応を位置づけることができず、生態系サービスという機能を維持し、持続可能な社会を構築するというプロセスを十全に捉えることができない。また、その発想を人の生活に拡張しても、自然再生ではそもそも「川の水を直接飲む」というような具体的な営みの復活や過去への回帰をめざすことを必ずしも望ましいとするわけではないので、やはり適当ではないことがわかる。

それに対して、regeneration は、新たなものが再度生み出される、より生き生きとしたものに次世代が再構成されることを意味する。思想において用いられる際にも規範的な変化を通じて個人や組織などがより高いレベルに達するというニュアンスを持つ。生態系や社会的な状況がダイナミックに変化しつつあるなかで、未来にむけた生態系サービスの享受の持続と持続可能な社会の構築をめざそうとするならば、生態系にしろ人の生活にしろ、過去のある状態を復元することは必ずしも適切ではない。むしろ、望ましい自然再生は、人や社会を持続する機能を保つレジリエンスを高めるような、新しい持続的な生態系サービスの享受の営みを見出す人と自然のかかわりの regeneration すなわち復元ではなく〈再生〉とする発想が必要だろう。環境哲学者の丸山徳次は、自然再生事業を論じる際に restoration と regeneration の持つ意味の違いと現場での概念上の混乱があることを指摘している。ただし、丸山自身は、「一応」という断りつきでこの違いについてはそれ以上問うていない（丸山二〇〇七）。しかし、復元のようにスタティックな過去の生態系の状態への回帰を議論するのか、〈再生〉のように生態系や社会のダイナミックな変化に対応した未来の人と自然のかかわりのあり方を議論するのかでは、望ましい自然再生の姿は大きく異なる。

したがって、本書では生態系サービスの享受という観点から実際に行われた自然再生事業を分析し、人と自然のかかわりの〈再生〉というコンセプトから望ましい自然再生の姿を検討することを目的とする。

## *6* 本書の構成

以上のような目的を達成するために、本書では三つの事例研究をもとに議論を進めていきたい。まず、第二章において、茨城県霞ヶ浦の関川地区で行われた自然再生事業を事例として、自然再生事業は何を再生するべきなのかを生態系サービスの享受の変遷に注目して検討する。そこで第一章で示した「人と自然のかかわり」の〈再生〉（regeneration）というコンセプトを事例研究から検証したい。この章では現代あるいは自然再生事業による生態系サービスの享受を評価しようとするため、関川地区における生態系サービスの享受について、少々長めにモノグラフを描き、霞ヶ浦全体の過去の開発史を含めて検討を行う。

続く第三章と第四章では、第二章で検討したような〈再生〉はどのように実現できるのかという具体的なプロセスについて、それぞれタイプの異なる別の自然再生事業の事例から検討する。

第三章では、〈再生〉のプロセスに対する公論形成の場の可能性と限界について、霞ヶ浦の別の地区で自然再生推進法に基づく自然再生協議会が設置された自然再生事業を事例として検証を行う。ここで、政策としての〈再生〉のプロセスづくりにおける課題点を抽出する。

第四章では、第三章の事例とは異なるタイプの公論形成が行われた佐賀県松浦川のアザメの瀬地区の自然再生事業を検討し、第三章との対比から「同床異夢」的で一時的な合意プロセスによって多様なステイクホルダーの参加から〈再生〉へと進む可能性を論じる。

そして、第五章ではこれまでの議論をまとめ、持続的な生態系サービスの享受という観点から、人と自然のかかわりの望ましい〈再生〉のあり方を検討して、今後の指針と課題を提示したい。

なお、本書でとりあげる調査地のインフォーマントはすべてカタカナ書きの仮名としている。

**注**

＊1　たとえば、外来種の問題は、人間社会によって想定されている時間や空間スケールと、生物進化によって想定されている時間や空間スケールの生態系への評価が衝突する典型例だろう。たとえば、社会において具体的に想定しうるのは、多くの場合、数十年から一〇〇年ほどである。しかも「世代間倫理」をわざわざ提唱しなくてはならない現状を考えると(Shrader-Frechette 2002)、数十年先の想定すらも危ういといえるだろう。それに対して、生物進化ではゆうに数万年から数億年のタイムスケールが想定される。人間にとっては生物進化の時間や空間スケールは社会の持続を考えるにはあまりにも長い一方、人間が想定する時間や空間スケールは、生態系のそれに比べあまりにも短く刹那的に見える。しかし、人間社会は農業などにおいて生物をさまざまに利用してきたし、栽培品種の原産地などを考えれば、外来種は人類の歴史とともに発生してきたといっても過言ではない。現代の外来種問題は、必ずしも生物の直接的な利用に伴うものだけではないが、人間の生物利用を背景とした社会の時間や空間スケールと、生物進化で想定される時間や空間スケールの食い違いをどのように調停するべきかという重い問いを投げかけている(瀬戸口 二〇〇三)。

＊2　また、近年、宮崎県綾町でも認定されて再び注目を集めるようになった「ユネスコエコパーク」などにおいても、単に生態系保全のみを考えるのではなく、地域の文化なども守りながら持続可能な社会の構築をめざすという取り組みが求められており、自然再生を通じた人と自然のかかわりのあり方と持続可能な社会の構築について議論を深めておく必要があ

るだろう。

＊3　たとえば、生態系サービスのなかでも、とくに文化的サービスの内容と、基盤サービスの位置づけについては、さらなる検討が必要だろう。MAの枠組みにおいて文化的サービスは、文化的多様性、精神的・宗教的価値、知識体系、インスピレーション、娯楽、社会的関係など、異なる次元の「便益」が並列されているのみで整理されておらず、評価の尺度がはっきりしない。この問題はMAの枠組みを用いたサブグローバル評価においても共通する。また、基盤サービスについても、栄養塩の循環・土壌形成・光合成そのものを生態系サービスという便益として位置づけるのがよいかどうかは疑問が残る。とくに、生態系サービスが、「引き出される」ものなのだとしたら、少なくとも供給・調整・文化的の各サービスの位置づけとは異なる議論が必要になるだろう。本書では、こうしたことをふまえて、暫定的に生態系サービスの具体的な姿を供給・調整・文化的の各サービスに限定し、文化的サービスについては、生態系から得られる非物質的な価値全般として議論を進めていく。

＊4　ただし、西日本を中心に「はげ山」が数多く存在していたこと（千葉　一九九一）などをふまえると、必ずしも「里山」が持続的な生態系サービスの享受だったとは限らない。

＊5　もちろん歴史学や考古学などが明らかにしているような比較的長いタイムスパンでの歴史的な文脈の解明が必要ないということではない。むしろ、現代を生きる人びとが大過去を含めてどのように認識するかという問題を考えれば、これらの分野が明らかにする歴史的な文脈の解明から学ぶべきことは多い。

# 第2章 自然再生は何を〈再生〉すべきなのか？

## ——霞ヶ浦関川地区の事例から

竣工直後の関川地区の自然再生事業地

## *1*　霞ヶ浦で享受される生態系サービスの変遷

この章では、営みの変遷を通じた人と自然のかかわりの変化、より具体的には生態系サービスの享受の変化を通じて、自然再生事業は何を再生するべきなのかを検討するために、第一の事例として茨城県霞ヶ浦関川地区で行われた自然再生事業を取り上げる。

この関川地区をはじめとする霞ヶ浦における一連の取り組みは、日本における自然再生事業の先進的取り組みとして高く評価されている（鷲谷・草刈 二〇〇三）。そのため、二〇〇三年に施行された自然再生推進法などの制度設計にも影響[*1]を与えている。このようなモデル的事例は、今後、各地で取り組まれる生物多様性の保全のあり方に対して大きな影響力を持っているといえる。

まず、霞ヶ浦全体の生態系サービスの享受の変化について示したい。次の章では霞ヶ浦の別の地域である沖宿地区で行われた自然再生事業についても取り上げるため、この霞ヶ浦全体の変化は共通の背景となる。次に、実際に自然再生事業が行われた地域のひとつである関川地区の現地調査の結果を示し、営みの変遷を通じた生態系サービスの享受の変化から、関川地区で行われた自然再生事業の検討を行う。

霞ヶ浦は、茨城県南部に位置する海跡湖であり、西浦・北浦・北利根川・鰐《わに》川・外浪逆浦《そとなさかうら》・常陸利根川の各水

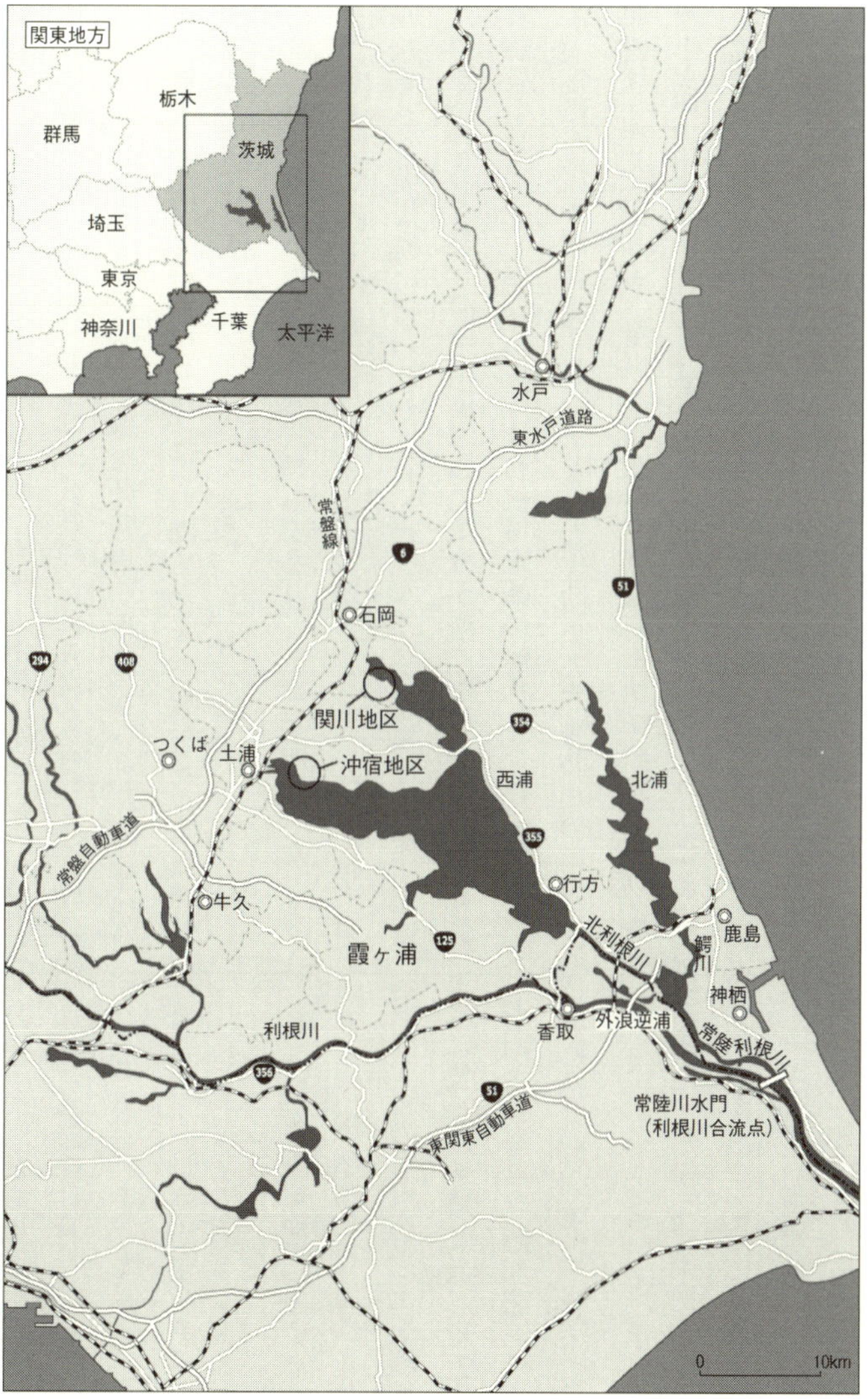


図２－１　霞ヶ浦とその周辺

域の総称で、河川法上は「常陸利根川」という利根川の河口から一八㎞の地点で合流する支川として扱われる。[*2] 湖面積は二二〇㎢（西浦一七二㎢、北浦三六㎢、・外浪逆浦六㎢、常陸利根川六㎢）で、滋賀県の琵琶湖につぎ日本第二位。流域面積二一五六・七㎢は茨城県の約三五％を占めている。堤防延長（水際線延長）は二四九・八㎞（西浦一二〇・五㎞、北浦七四・五㎞、常陸利根川五四・八㎞）で、これは琵琶湖（二三五・〇㎞）よりも長い。平均水深は約四ｍ、最大水深でも約七ｍの浅く広い湖である（琵琶湖の平均水深は四一・二ｍ）。年間流下量は約一四億㎥、貯留量は約八・五億㎥と推定されている。

霞ヶ浦の沿岸域は、恒常的な水害に悩まされてきた場所だった。とくに、「一三年の洪水」「一六年の洪水」として、今でも語られる一九三八年（昭和一三年）と、一九四一年（昭和一六年）の洪水を教訓とした浚渫は、一九四八年から大規模に行われた。しかし、この大規模な浚渫工事は、河口からの海水の遡上を容易にしてしまった。そのため、霞ヶ浦の水は急激に塩分が濃くなり、その水を農業用水に使った地域では、塩害による農作物被害が発生した。一九五八年には利根川水系の渇水によって海水の遡上が顕著になり「昭和三三年塩害」と呼ばれる大規模な塩害が発生。このことが塩害防止と水害防止の両方を期待された常陸川水門《ひたちがわすいもん》（逆水門《ぎゃくすいもん》）[*3]の建設を強く推進することになり、翌一九五九年に着工、一九六三年に竣工した。[*4]

常陸川水門の建設によって、水害を防止し塩害をやわらげることには成功した。しかし、水門が霞ヶ浦と海を遮断し生態系に大きな影響を与える可能性があることは建設当時から指摘されてきた。とくに淡水化によって商品価値の高い汽水性のヤマトシジミ（*Corbicula leana*）が死滅することは、漁民などの強い反発と抗議行動を招いてきた。水門の竣工以降も著しい水質悪化とアオコの大発生、それにともなう養殖ゴイやシジミの大量死など、事件のたびに水門の運用に対する激しい抗議行動が行われてきた（渡辺 一九七四）。そのため、常陸川水門

表２−１　霞ヶ浦関連年表

| 年 | 主な出来事 |
| --- | --- |
| 8世紀 | 『常陸国風土記』では流海と記述される。以降、堆積により徐々に汽水湖となる |
| 1783 | 浅間山噴火による降灰により、以降、利根川水系の水害が激化 |
| 1884 | ワカサギ帆曳網漁法ほぼ完成 |
| 1911 | 利根川改修計画改訂（取手より下流築堤浚渫1930年完工） |
| 1918 | 関川霞干拓・潮来干拓起工。以降、農地拡大のための干拓がさかんに行われる |
| 1938 | ６月「昭和13年の洪水」発生 |
| 1941 | ７月「昭和16年の洪水」発生 |
| 1958 | 昭和33年塩害。県議会で常陸川水門の繰り上げ施工の意見書採択。洪水発生 |
| 1963 | 常陸川水門（逆水門）竣工。淡水真珠養殖始まる |
| 1965 | このころトロール漁開始。霞ヶ浦及び主要支川一級河川指定。コイ網いけす養殖が本格化 |
| 1966 | ヤマトシジミ大量死。水道異臭始まる |
| 1973 | 塩害で水門閉鎖。アオコ大発生。シジミ・養殖コイ大量死。水門開放湖上デモ |
| 1974 | 逆水門完全閉鎖決定し淡水化へ。常陸川漁協漁業補償妥結。最後の湖水浴場閉鎖 |
| 1975 | 粉石鹸利用推進決議。北浦漁連・霞ヶ浦漁連漁業補償妥結。ブラックバス生息確認 |
| 1978 | 高浜入干拓事実上中止。旱魃発生 |
| 1982 | 茨城県「霞ヶ浦の富栄養化に関する防止条例」施行 |
| 1985 | 「湖沼法」の指定湖沼になる |
| 1995 | アサザプロジェクトが始まる。「里親」へアサザの種子配布開始 |
| 1995 | 第６回世界湖沼会議が霞ヶ浦で開催 |
| 1996 | 霞ヶ浦開発事業竣工。利水のための水位操作開始 |
| 1997 | 大規模な粗朶消波工の設置が公共事業として実施され始める |
| 2000 | 霞ヶ浦沿岸で大規模な植生復元事業が行われる |
| 2004 | 「霞ヶ浦田村・沖宿・戸崎地区自然再生協議会」が設立される |

表２−２　水資源の開発量（$m^3/s$）

| | 霞ヶ浦開発事業の開発量 | | | |
| --- | --- | --- | --- | --- |
| | 茨城県 | 千葉県 | 東京都 | 計 |
| 農業用水 | 18.13 | 1.43 | − | 19.56 |
| 工業用水 | 16.60 | 1.20 | − | 17.80 |
| 上水道用水 | 2.50 | 1.56 | 1.50 | 5.56 |
| 合計 | 37.23 | 4.19 | 1.50 | 42.92 |

注：霞ヶ浦工事事務所（2001）より作成。

は今でも霞ヶ浦の環境問題を象徴する存在となっている。[*5]

一方、水資源開発すなわち水の供給という生態系サービスの享受のために大がかりな開発を伴うようになったのは常陸川水門の建設前後のことである。この時代には、利根川全体の水資源開発や鹿島臨海工業地帯の開発などのプロジェクトが打ち出されており、当初はあくまで治水と塩害防止のためとされていた常陸川水門に「利水（水資源開発）」という新たな目的が付け加わったとされる。[*6]

こうした一連の水資源開発として霞ヶ浦開発事業が行われてきた。この事業は周辺地域だけでなく首都圏も含めて農業用水や工業用水、上水道用水の確保と治水の目的で行われ、四二・九二㎥／sの水資源を開発し、大量の水の供給を可能にした。

しかし、各種の工事によって霞ヶ浦の姿は大きく変わる。まず、湖岸のほぼ一〇〇％にコンクリートの護岸堤防が設置された。この築堤は、陸地よりも湖側に設置されること（沖出し）が多かったため、以前よりあった湖岸植生帯と緩やかな勾配の湖岸を大幅に破壊することになった（河川環境管理財団 二〇〇一a）。堤防の湖側にわずかに残った植生帯も激しい風浪による侵食などを受けて衰退しており、このことは霞ヶ浦の生態系に多大な影響を与えていると考えられている（中村ほか 二〇〇〇）。また、水の確保のために人為的な水位操作も行われているが、平均水深が四ｍという水深の浅い霞ヶ浦で最大一・三ｍもの水位の変動が生じれば影響は少なくない（霞ヶ浦・北浦をよくする市民連絡会議 一九九五）。実際、後から取り上げる霞ヶ浦の植生帯保全の緊急対策事業では、水位操作も植生帯の減少の一因になったことを認めている（河川環境管理財団 二〇〇二）。つまり、これらの利水事業は、水という生態系サービスの享受を可能にしたが、その結果、霞ヶ浦の水質や生物多様性に大きく影響を与えてきたと考えられる。

写真2-1　霞ヶ浦開発の象徴とされる常陸川水門

たとえば、湖水の富栄養化を測る指標であるCOD（化学的酸素要求量）は、一九七〇年代に入ると明瞭に上昇傾向を見せ、一九七九年には年間平均が過去最悪の一一・三㎎／ℓにいたった。その後は七～八㎎／ℓ前後で横ばいの状態である。霞ヶ浦は上水道の水源として用いられているため水道水源としての環境基準が適用されるが、もっとも悪い「前処理等を伴う高度の浄水操作を行う」水道三級の基準のCOD三㎎／ℓを大幅に下回っている。なお、近年の霞ヶ浦のCOD数値である七～八㎎／ℓは「薬品注入等による高度の浄水操作、または、特殊な浄水操作を行うもの」とされる工業用水三級や、「国民の日常生活（沿岸の遊歩等を含む。）において不快感を生じない限度」とされる環境保全の基準とほぼ同じである。これらの事態を受けて、一九八一年には、琵琶湖に続き「富栄養化防止条例」が公布され、一九八五年には「湖沼水質保全特別措置法（湖沼法）」の適用を受けるにいたった。

また、霞ヶ浦の植生も大きく変化・減少している。比較可能な西浦のみのデータではあるが、一九七二年から一九九七年の二五年間にヨシ（*Phragmites communis*）などの抽水植物群落の面積は五四％、アサザ（*Nymphoides peltata*）などの浮葉植物群落の面積は五六％、クロモ（*Hydrilla verticillata*）などの沈水植物群落の面積は一〇〇％、合計で八三％が消滅している（河川環境管理財団 二〇〇一a）。これらの植生の減少は、稚魚などの生育場所や、鳥や昆虫などのさまざまな生き物の生育環境を奪うことによって、生物多様性に大きな影響を与えていると考えられている（霞ヶ浦・北浦をよくする市民連絡会議 一九九五、中村ほか二〇〇〇）。

流域単位で見ても、首都圏の一部として常磐線沿線を中心とした地域開発や、筑波学園都市・鹿島臨海開発などの事業が進み、流域人口は二〇〇〇年に一二五万人に達した。それにともなって土地利用も変化している。林野庁の調査によれば、一九七〇〜九〇年の二〇年間に森林面積が約一万ha（森林面積の約二〇％）減少し、一九七四〜九三年度の二〇年間で約三六〇〇haの林地開発許可が出され、転用用途は面積順にゴルフ場、工場、農用地であることがわかっている（林野庁指導部 一九九六）。

こうしたなかで湖水の変化は、霞ヶ浦の生態系サービスの変化の象徴的な存在である。たとえば、「昔は湖水をそのまま飲むことができた」「水が澄んでいたので湖底まで見ることができた」「泳ぐことができた」など、高度経済成長期以前の水にまつわる語りは数多い。[*7] しかし、それにたいして、一九六〇年代後半から発生するようになったアオコの大発生や、ヤマトシジミやコイ（*Cyprinus carpio*）の大量死、水道からの異臭（カビ臭）などは、「水が飲めた」「泳げた」と回想される時代に享受してきた水に関する生態系サービスの喪失を象徴していた。

また、霞ヶ浦における漁獲量の統計を見ると、一九六〇年ごろ主に漁獲されていたのは、ワカサギ（*Hypomesus hipponensis*）、シラウオ（*Salangichthys microdon*）、ウナギ（*Anguilla japonica*）、シジミ、タンカイ、[*8] エビ、[*9] イ

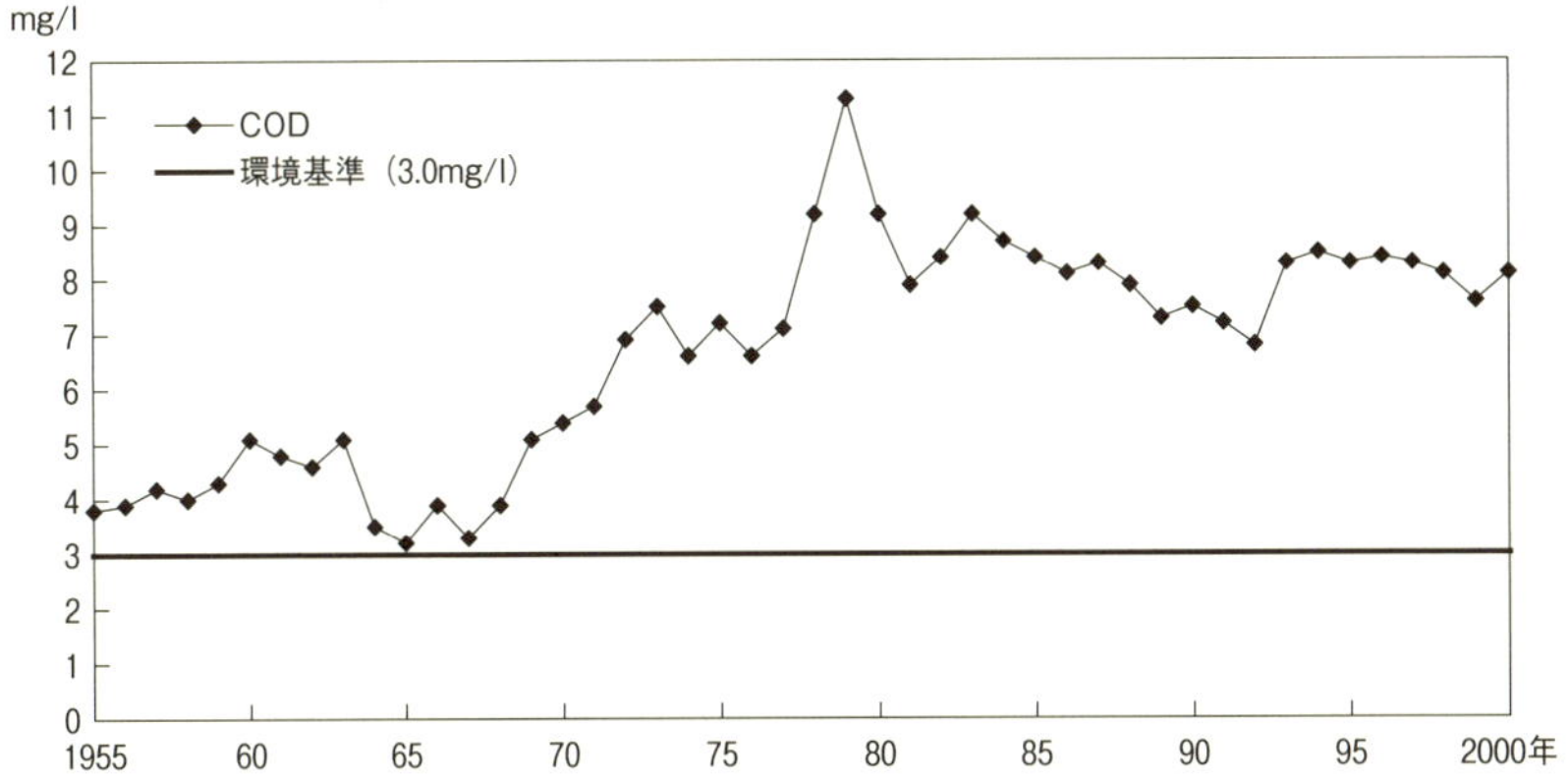


図２－２　霞ヶ浦における1955～2000年のCOD経年変化

注：環境基準地点平均。国土交通省資料より作成。

表２－３　環境省による湖沼の環境基準（mg/l）

| 利用目的 | COD |
|---|---|
| 水道１級<br>水産１級<br>自然環境保全 | １以下 |
| 水道２級・水道３級<br>水産２級<br>水浴 | ３以下 |
| 水産３級<br>工業用水１級<br>農業用水 | ５以下 |
| 工業用水２級<br>環境保全 | ８以下 |

表２－４　西浦における植生面積の変化（ha）

| 調査年 | 抽水植物 | 浮葉植物 | 沈水植物 | 合計 |
|---|---|---|---|---|
| 1972 | 423 | 32 | 748 | 1,202 |
| 1978 | 302 | 80 | 364 | 747 |
| 1982 | 293 | 64 | 162 | 520 |
| 1993 | 193 | 17 | 0 | 210 |
| 1997 | 195 | 14 | 0 | 209 |

注：河川環境管理財団（2001a）より作成。

サザアミ（*Neomysis intermeda*）、ハゼ、[10] フナ（*Carassius auratus buergeri*）、スズキ（*Lateolabrax japonicas*）、タナゴ類、コイなどである。このことから、淡水性の魚介類はもとより、スズキなどの汽水域に生息する魚も漁獲されていたことがわかる。

その後、一九六〇年代後半には、帆曳き漁[11]から西浦ではトロール漁業（機船曳き網漁業）への転換が進み、漁獲量は増大したがすぐに減少している（北浦では乱獲の懸念からトロール解禁が遅れたため、一九八〇年代まで帆曳き漁が行われた）。また、シジミ以外では、タンカイと呼ばれる淡水性の大型貝類も一九七〇年前後に漁獲が激減。また一九七五年には常陸川水門が完全閉鎖され淡水化されるのに伴い、汽水でしか生息できないヤマトシジミの漁業権の補償が行われた。それとは対照的に一九七〇年代はエビ・ハゼ類の漁獲が増加した時代でもある。このころは霞ヶ浦の富栄養化が進行し、ＣＯＤが過去最悪の値を記録（一九七九年）し、アオコの発生や養殖コイの大量死などが発生した時期であるが、一九七〇年代の漁獲総計はエビ・ハゼ類に支えられるかたちで一万三〇〇〇〜一万七〇〇〇t前後の高水準で推移している。しかし、一九八〇年代に入ると漁獲量は急速に減少する一方となる。この減少傾向はほとんどの漁獲種で共通していて、九〇年代にはシジミが姿を消すようになる。そして九〇年代後半には漁獲総計が七〇年代の五分の一程度にまで減少するにいたった。

また、こうした漁獲に携わる担い手も同時に減少してきた。一九六五年以降のグラフを見てみると、漁獲総量がピークを迎えていた一九七〇年代を含めて一貫して減少傾向が見られる。二〇〇〇年の漁業経営体数は個人と企業を合わせて四八八であり、一九六五年と比べると三分の一以下となっている。

このように漁獲という生態系サービスは、湖水や植生に象徴されるような湖の生態系の変化と、漁業者という担い手の減少とともに質的に変化し、一九八〇年代以降は量的にも減少していることがわかる。

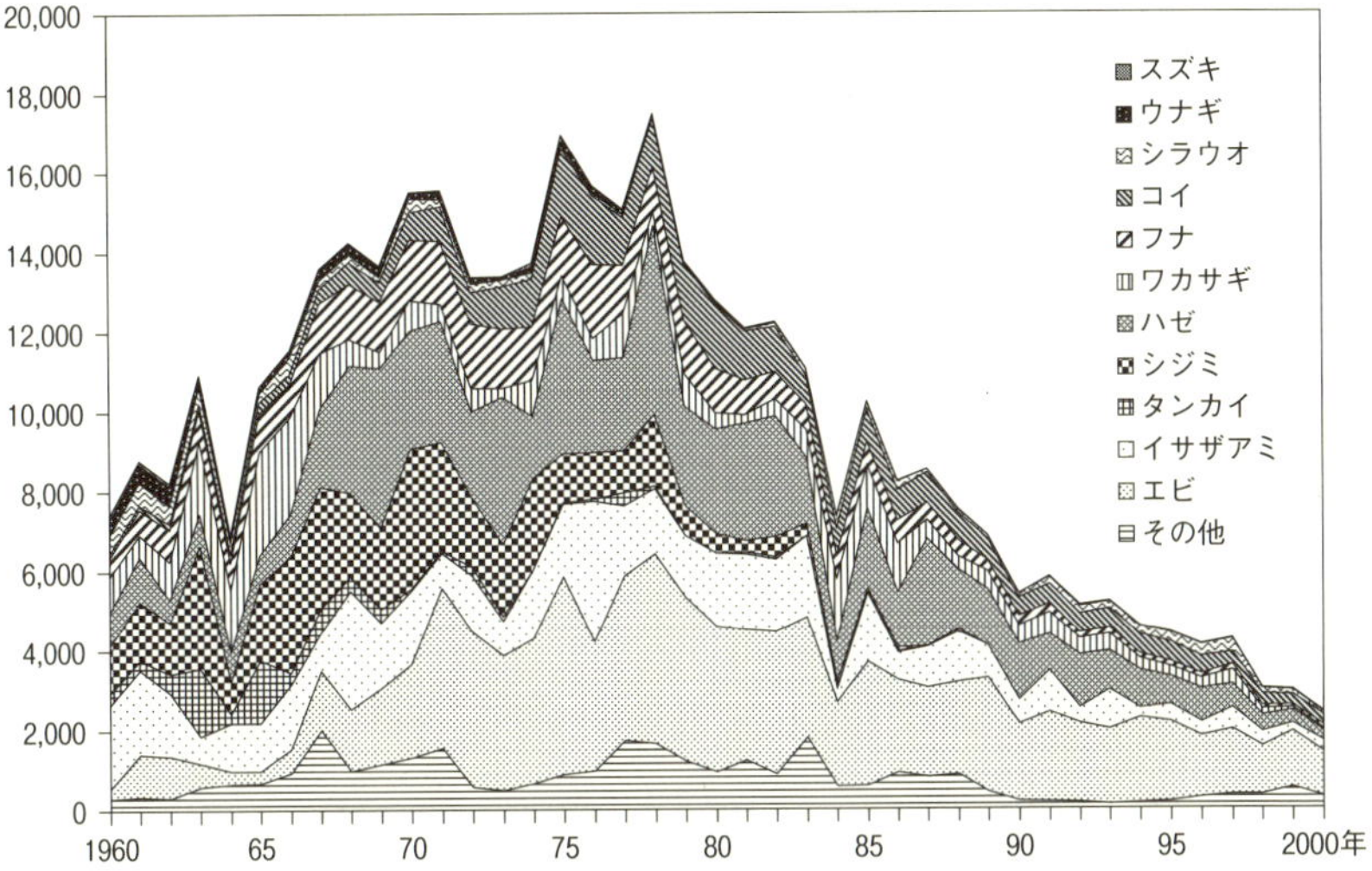


図2－3　霞ヶ浦における魚種別漁獲量の変化

注：『茨城農林水産統計年報』より作成。

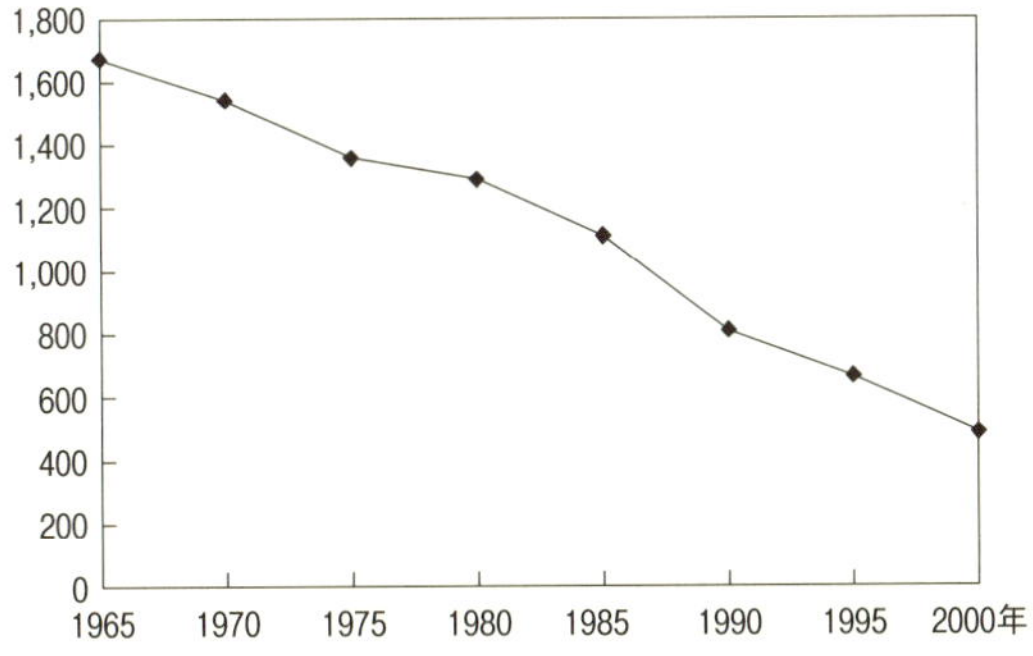


図2－4　霞ヶ浦における漁業経営体の数

注：『茨城農林水産統計年報』より作成。

もちろん、こうした変化に対し行政の施策も講じられてきた。たとえば、制度上の管理主体である国土交通省霞ヶ浦河川事務所（旧・建設省霞ヶ浦工事事務所）は、一九七五年度より底泥（ヘドロ）の浚渫[*12]を行ってきたほか、アオコの回収、流域下水道の整備などに莫大な費用を投じてきた。このほか、流入河川からの汚染負荷を軽減するために植生浄化施設を設置したり、普及啓発事業として「水の交流館」の設置や「霞ヶ浦フェスティバル」などを行っている。

このほかに、琵琶湖での活動に触発された「せっけん運動」などの市民運動も行われたり、市民による水質調査、鹿島開発や高浜入干拓事業などを含む開発事業への反対運動、裁判闘争なども行われた。[*13]とくに、一九六〇年代から七〇年代の高浜入干拓事業や常陸川水門の建設と湖の淡水化を意味する「完全閉鎖」をめぐっては、漁業者を中心に当時の学生運動の支援を受けて激しい抗議行動が行われた（渡辺 一九七四、霞ヶ浦研究会 一九九四）。当時を知る漁業者は一九七四年の「完全閉鎖」をめぐる抗議行動を「開けろ、開けられないの応酬。水産業もそこで終わりだと思った[*14]」と振り返っている。この水資源開発は、反対する漁業者と農業用水の恩恵を受ける農業者の間の対立も作り出している。

しかし一九六〇年代以降、湖の水はより広域の水源として利用されるようになり、漁獲される魚の種類や量が大きく変わった結果、人びとが霞ヶ浦という湖から享受してきた生態系サービスが変化してきたといえる。これらが霞ヶ浦の自然再生事業の背景となっている。

## 2　霞ヶ浦の自然再生事業の経緯

### アサザプロジェクトの開始

霞ヶ浦が日本における自然再生事業のさきがけとして評価されるようになったのは、一九九五年ごろから市民運動として行われているアサザプロジェクトの存在がある（鷲谷・草刈 二〇〇三）。

これまで見てきたように、霞ヶ浦は、治水対策から始まり、水資源開発のための大規模事業が長年にわたって行われてきた。それらが進むにつれて、水質などに代表される環境悪化が深刻なものとして受けとめられるようになった。こうした事態に対して、霞ヶ浦に生き物を呼び戻し、生物多様性を保全するということと同時に、霞ヶ浦の問題を招いた社会の変革をもめざす取り組みとしてアサザプロジェクトが構想された。

アサザプロジェクトが最初に取り組みの対象としたのは、アサザをはじめとする湖岸の植生帯の復元だった。かつて広大な面積にわたって広がっていた湖岸植生帯は、霞ヶ浦の生態系にとって、一次生産を支え、魚類や鳥類などの生物の生息環境となっていた。しかし、透明度の低下や築堤、水位変動、波浪などによって植生帯が大幅に失われていくことで、霞ヶ浦の全体の生物多様性が失われ、水質悪化などの進行を食い止めることができなくなった要因のひとつと考えたからである（河川環境管理財団 二〇〇二、中村ほか 二〇〇〇）。

また、この植生帯の復活は、アサザやヨシなどのかつては普通に見られた水生植物を「里親」が保護・育成してから湖に戻すというシンプルな取り組みから行われたため、小さな子どもでも「里親」として事業に容易に参加でき、普段はつながりがなかった人びとにも、湖とのつながりを取り戻すきっかけになった。事実、この取り

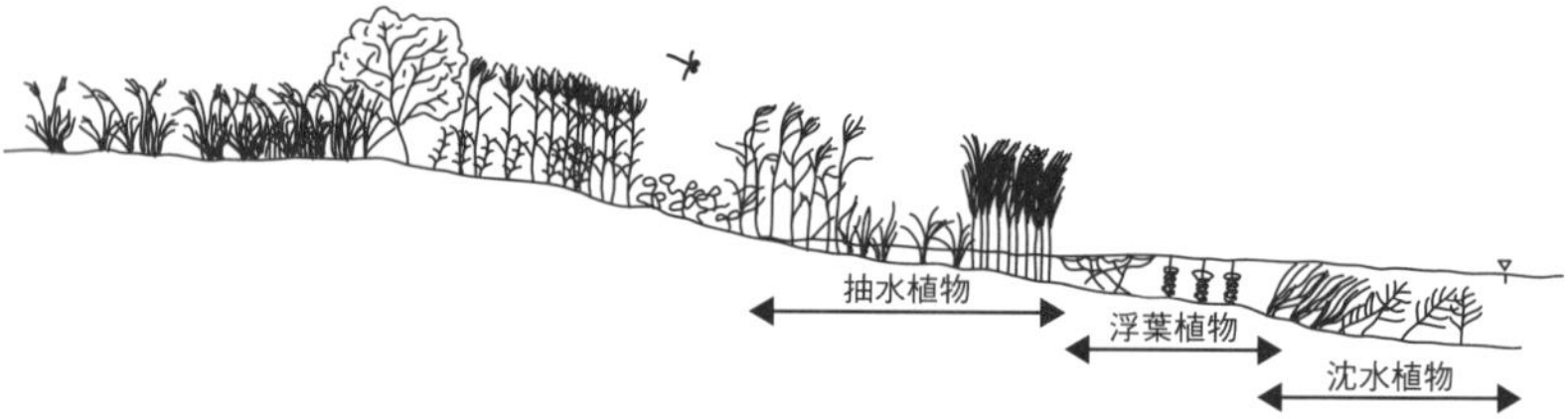


図2－5　湖岸植生帯のモデル
注：国土交通省霞ヶ浦河川事務所資料より加筆修正。

組みは小学校を中心に二〇〇二年までに六万人（飯島 二〇〇三）もの参加を得ている。

一方で、失われた湖岸植生帯を取り戻すといっても、成立環境ごとに失われた現状のままでは十全に取り戻すことができない。その最たる例が波浪である。霞ヶ浦は、平地に広がっているため風の影響などで強烈な波浪が発生しやすいが、かつては水生植物群落があることでそれが軽減されていたのではないかと考えられている。なかでも沈水植物群落は他の抽水・浮葉群落に比べて面積が広かったため（中村ほか 二〇〇〇）、大きな役割を果たしていたと考えられている。しかし、沈水植物群落は前節で示したように現在ほぼ壊滅状態に陥っているため、波を和らげるものがない。その結果、波浪による侵食で植生帯の減衰はますます進行し、またアサザを皮切りにした植生の復元を構想するうえでも大きな障害となっていた。

そこで注目されたのが、伝統的な河川工法の材料として利用されていた粗朶《そだ》である。粗朶は、長さ一～数m（国土交通省の規格では三m弱）の木の枝の束で、水による洗掘などを防禦する目的などで川床などに設置されるもので、少なくとも近世には治水工事に用いられてきた（佐藤ほか 一九九七）。

この粗朶を、消波堤の材料として利用したのが粗朶消波堤である。これは、石積みなどの従来の消波施設に比べて透水性を持つために環境への影響が少ないと考えられることや、その後、不都合が生じた場合でも撤去・修正が比較的容易であることを理由として、植生の復元において消波施設の材料として注目された。

しかも、粗朶を付近の森林から供給することによって経済価値を生み出し、それまで利用価値を失い放置されて荒廃していた流域の雑木林の管理を兼ねることができることも大きなメリットになった。霞ヶ浦粗朶組合は、その粗朶の供給を行い、「里山」の管理に結びつけることをめざして設立された組織である。こうした流域の森林の荒廃を食い止めようとする事業が連動して行われることで、水源から下流の湖までの「流域」がひとつのつながりを持った事業として明確に位置づけられるようになった。

この取り組みは、当初市民や漁業者の自主的な事業として始まったが、一九九七年ごろから建設省（現・国土交通省）が公共事業として位置づけ本格的な事業の協働が始まっている。また、このころから、潮来市における水郷トンボ公園の実践、鉾田町（現・鉾田市）を中心とするカヌークラブとの協働、霞ヶ浦とその流入河川である山王川と休耕田を一体化して保全する事業などが行われるようになり、地元住民団体や、自治体、企業、研究者などとのさまざまな協働事業がさかんに行われてきた。

## 大規模な植生復元事業の展開

二〇〇〇年に、霞ヶ浦開発事業の竣工とともに行われた霞ヶ浦の水位操作をめぐり、保全生態学的な観点から反対するNPO・専門家と、事業を推し進めようとする建設省（当時）との意見対立が発生する。一時は、それによってアサザプロジェクトが中止される可能性もあったと語られているが、最終的には、水位操作の一時中止とアサザをはじめとする湖岸植生帯保全のための「緊急対策」が講じられることとなった。そして、その事業の内容、設計、モニタリングの計画を論議するために、行政だけでなく、市民、専門家などで構成される「霞ヶ浦

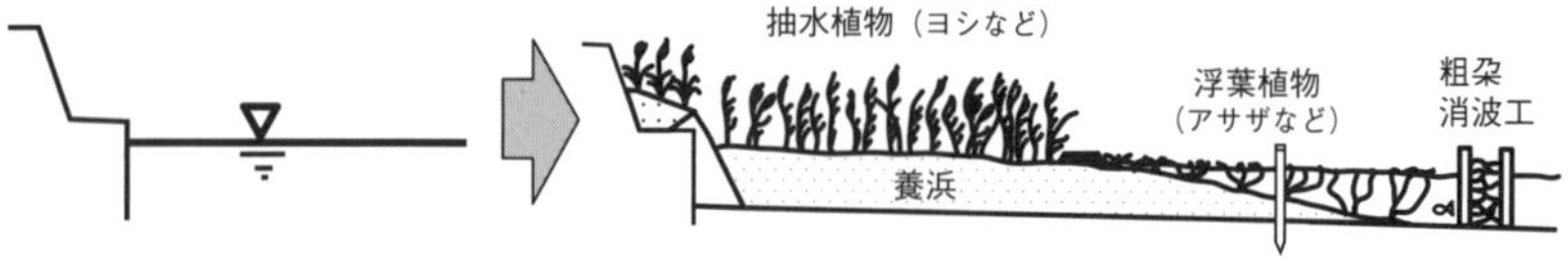


図2-6　植生帯復元事業のイメージ
注：霞ヶ浦河川事務所ウェブサイトより加筆修正。

の湖岸植生帯の保全に係る検討会」（以下、検討会）が設置された。[*15] 検討会のメンバーは、アサザプロジェクトを主導してきたＮＰＯの代表が市民として加わり、霞ヶ浦の自然環境についての学識経験者（植物生態学、保全生態学、水理学、河川工学）五人や、建設省土木研究所（当時。以下、組織名などは第一回検討会開催時のもの）の研究員五人（河川環境研究室、緑化生態研究室、海岸研究室）、行政として霞ヶ浦の管理を担当している建設省霞ヶ浦工事事務所長、水位などの利水に関する管理を行っている水資源開発公団霞ヶ浦開発総合管理所長である。そして、オブザーバーとして建設省関東地方建設局、水資源開発公団本社が加わり、事務局は霞ヶ浦工事事務所、霞ヶ浦開発総合事務所と財団法人河川環境管理財団が行った。

検討会は、計五回行われている。主な内容を見ると、二〇〇〇年一一月一四日の第一回では、植生の現状や事業の基本理念の検討。二〇〇一年二月一四日の第二回では、現状をふまえた湖岸植生帯保全の仮説と事業地の選定や対策工事の構造の検討。二〇〇一年五月二一日の第三回では、対策工事の構造の検討や事前モニタリングの計画。二〇〇一年一二月一七日の第四回では、対策工事の詳細や事後モニタリング計画、維持管理手法。二〇〇二年七月二三日の第五回では、工事が実施されたことを受けての事後モニタリングの結果や、湖岸植生帯の衰退要因の検討が行われた（霞ヶ浦河川事務所 二〇〇七）。

その結果「緊急対策」として、霞ヶ浦の湖岸一一ヶ所において、コンクリート護岸だったところを養浜するなどして湖岸植生帯復元事業を行った（河川環境管理財団 二〇〇二）。

後述するが、この章で事例として取り上げる関川地区もその事業地のひとつである（ただし、次章で取り上げる沖宿地区は含まれていない）。このほか、霞ヶ浦で少なくなりつつある水草を遺伝的な系統も配慮しながら保護・育成して湖に戻すための「場」を兼ねて、流域の小学校などにビオトープを設置する事業などもあわせて行っている。このようなビオトープは流域に一〇〇ヶ所以上設置されており、ビオトープに移動してくる生き物を調べることで、流域環境の面的な把握をするための基盤となっている。

なお、この緊急対策では、順応的管理を実践することをめざし、湖岸やビオトープにおける定期的なモニタリングが事業開始当初から進められている。また、環境教育の観点から、それぞれの事業が行われる際には、たとえばビオトープを設置する意義などを説明するために、NPOや専門家などが出前授業を行い、記録にあまり残っていない過去の霞ヶ浦の詳細な様子を把握することと、世代間のつながりを兼ねて、子どもたちがお年寄りに昔の霞ヶ浦の様子を聞き取るアンケート調査もされている。そして、湖岸の植付け作業なども含めた事業への参画全体が、学校の「総合的な学習」として位置づけられている。また、生物多様性の保全と漁業振興、塩害の防止、工業用水の余剰活用を兼ねた常陸川水門の柔軟運用案を提示し、二〇〇二年には国会審議でも取り上げられた。[*16]

## 3　関川地区における自然再生事業

### 関川地区とその周辺について

この章で検討する関川地区の自然再生事業は、前節でも触れた二〇〇〇年から始まった湖岸植生保全のための緊急対策によって行われた事業（事業においては「石川地区」とされた場所）である。関川地区は、霞ヶ浦の北西、石岡市の南東部に位置し石川と井関という二つの大字によって構成されている。北側は霞ヶ浦、西側は同じ石岡市の三村地区、東側と南側はかすみがうら市に面している。関川地区は、古代から中世にかけて安食や宍倉などのかすみがうら市の一部（旧出島村）と同じ行政区画である安餝《あんしょく》郷に属しており、石岡市のほかの地域とは別の行政区画となっている。また、近世には石岡市域のほとんどは譜代である府中（石岡）藩領地となったが、調査地である関川地区は隣接する安食、宍倉などの安餝郷の一部とともに御三家である水戸藩の領地となっていた。さらに、一九五四年に関川地区（旧関川村）は隣の三村地区（旧三村）とともに石岡市に加わることになるが、一時的に旧関川村は昭和の合併によって誕生する旧出島村（現在のかすみがうら市）の「町村規模適正化研究会」に加わっている（出島村史編さん委員会　一九八九）[*17]。こうした経緯を反映してか、通婚圏などで、かすみがうら市側の各集落との関係がより強い（南　一九八一）[*18]。

植生復元工事は二〇〇一年に着手され、翌年春には竣工した。その規模は同時に行われた湖の一一ヶ所での植生復元工事のなかでも、対象となる湖岸延長が一・五㎞近くにもなるなど最大級だった。さらにこの工事は大きく四つの工区に分かれており、それぞれの工区の間で消波堤などの構造を変えて環境条件などの違いを出している。このため、この事業地は定期的なモニタリングのほかに湖岸植生がどのように回復していくのかを保全生態学的に追跡調査している地区でもあり（Nishihiro et al. 2005）、霞ヶ浦の植生復元事業のなかでも比較的重要な位置づけにある地区のひとつであるといえる。モニタリングについても、専門家による調査のほか、つばめのねぐら入りやコイ・フナの産卵活動（のっこみ）などを通じて、市民の手によるモニタリングも実施されている。

また、この付近では、一九九〇年代後半から河川の植生復元や、氾濫原ビオトープ、休耕田ビオトープなどの

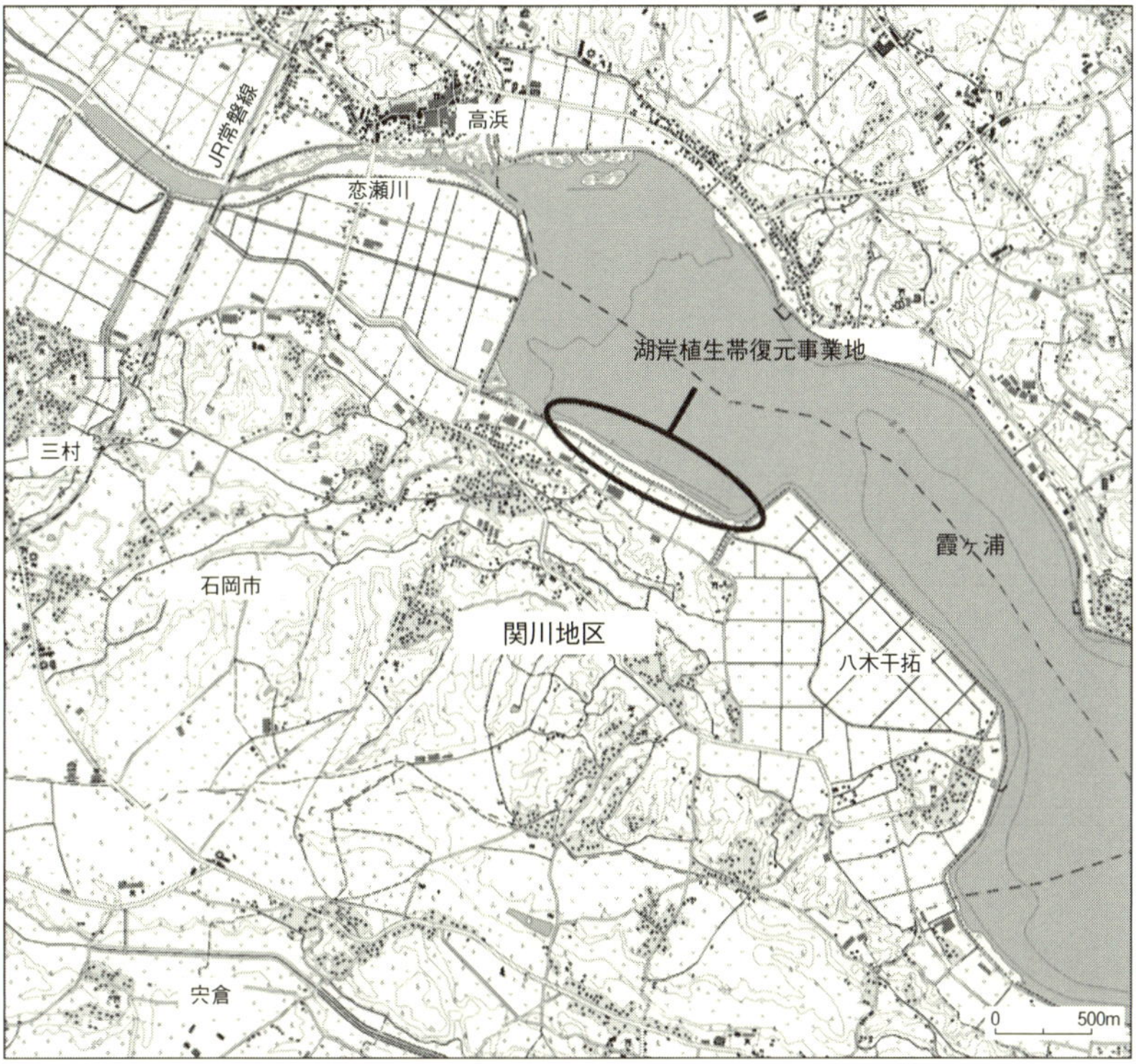


図2-7　関川地区とその周辺
注：国土地理院地形図に加筆修正。

取り組みが行われてきたほか、地元小学校が環境教育という位置づけのもとさまざまな事業に参画している。具体的には、湖の水生植物の養生と周囲の環境情報の把握、環境教育への活用を兼ねたビオトープの設置、地元小学校による水生植物の植付けなどの協働作業、小学生によって祖父母世代を主な対象として昔の霞ヶ浦についての聞き取り調査が行われている。

## 関川地区の調査について

本章では、この関川地区における調査をもとに議論を行う。調査を行ったころの人口は四四七世帯一六八〇人（『統計いしおか』より。二〇〇三年一月一日現在）で、『二〇〇〇年世界農林業センサス』によれば、この地域の農家は、全体の半分以上の二六九世帯あり、このうち経営耕地面積が三〇a以上あるか、農作物の販売金額が五〇万円以上ある農家（販売農家）は二二六世帯、それに該当しないもの（自給的農家）は四三世帯だった。また、販売農家のうち、専業農家は四二世帯、第一種兼業農家[*19]は四一世帯、第二種兼業農家は一四三世帯あった。主な作物の作付面積および経営面積は、稲一五四ha、野菜類五七ha、いも類二四ha、花卉・花木二〇ha、豆類一九ha、果樹一八haで、合計面積は二八六haだった。また、二八二aのハウスが一八の農家によって営まれており、野菜類と花卉・花木類が栽培されていた。

調査では、まず関川地区で行われている自然再生事業の把握のために、NPOによる出前授業、ビオトープ観察会、検討会、モニタリング作業などの事業そのものに対して参与観察を行い、その取り組みにおける生き物、人びとの動き、会話などの様子を観察した。そして、各事業のモニタリングとして収集された生態学的な資料や制度や経済などについての取り組みの関連資料・文献を参照したほか、NPO、地元小学校、土地改良区、地元漁連、水産事務所、地元農協に調査を行った。

また、営みを通じた生態系サービスの享受を、日常の世界における歴史的な文脈において理解するため、地域の概略把握のための予備的な聞き取り調査を行い、二〇〇三年四月一八日から二〇〇三年一一月二〇日までの間に二一人（男一五人、女六人）について聞き取り調査を行った。この聞き取り調査は、地元住民（一六人）と地元小学校の教員（五人）に対して行った。

聞き取り調査は、自由な会話形式で行われ、地元住民については、彼／彼女らの多くが実際に経験し、ライフヒストリーとして語りうる限界でもある高度経済成長以前のころ（だいたい六〇～七〇年前）から現在までにいたる日常の営みの変遷をテーマとして、小学校の教員については、自然再生事業への取り組みの状況と、普段の子どもたちの生活状況などをテーマとして会話してもらい、その内容を記録した。なお、地元住民については三人が関川地区に隣接する地区の在住であった。また、聞き取り調査では、資料の提示も併用した。提示した資料は、過去の写真や地形図、そして道具や生き物の写真で、これによって、より詳細な情報の把握を行ったりした。この資料提示型の調査は、利用した生き物やその方言などについての正確な情報を集めるのに有効な手段である（嘉田・遊磨二〇〇〇、渡辺二〇〇七）。

また、主たる生業として農業を担ってきた人や、水辺に比較的よくかかわりあいがあった人、ヤマの地主である人に対して重点的に聞き取りを行い、この地域における生業を通じた生態系サービス享受の姿を浮かび上がらせることを目的とした。まとめにあたっては、聞き取り調査の記録を、複数人の同じテーマの情報の対照や、歴史的な資料や民俗的な資料との対照を可能な限り行い、全体をモノグラフとして再構成するかたちで行った。

## 4　生態系サービスを享受する営み——高度経済成長前のモノグラフから

さて、こうした自然再生事業が行われるにいたるまでの、関川地区における人びとの生業を通じた生態系サービスの享受はどのように変化したのだろうか。霞ヶ浦および関川地区に関しての概略はすでに述べたとおりであるが、この節では、まずは高度経済成長期以前の営みを通じた生態系サービスの享受をモノグラフとして示した[*20]い。関川地区は、湖に面した平地と、標高二〇mぐらいの台地が入り組んだ地形が広がっている。そこで、湖（水域）から陸地へと向かいながら、湖での漁撈やモクとり、水辺の魚とり、カワサキの農地とヤワラの開拓、遊びや生活の場、平地や谷津の稲作、台地上の畑作と作付の変化、農業用水の確保、ヤマの営み、祭礼行事といった主な営みを紹介する。

### 湖での漁撈やモクとり

関川地区の地先に広がる霞ヶ浦では、漁撈やモクとりなどの営みによって食糧や肥料といった生態系サービスが得られていた。もともと霞ヶ浦は漁業のさかんな湖であった。しかし、関川地区においては、一九五二年時点の旧関川村の統計に職業としての「漁業」者は記録されておらず（渡邊 一九八七）、聞き取りの結果からも一九五〇年代の時点で主業として漁撈活動を営んでいる人はほとんどいなかったと考えられる。

もちろん、船や網を使うような漁撈活動をまったく行っていなかったわけではない。聞き取りでは、網を使って捕るような魚とりは「ゼイキン」を取られてしまうので少なかったが、集落で数人程度は網やオダ漁などの漁

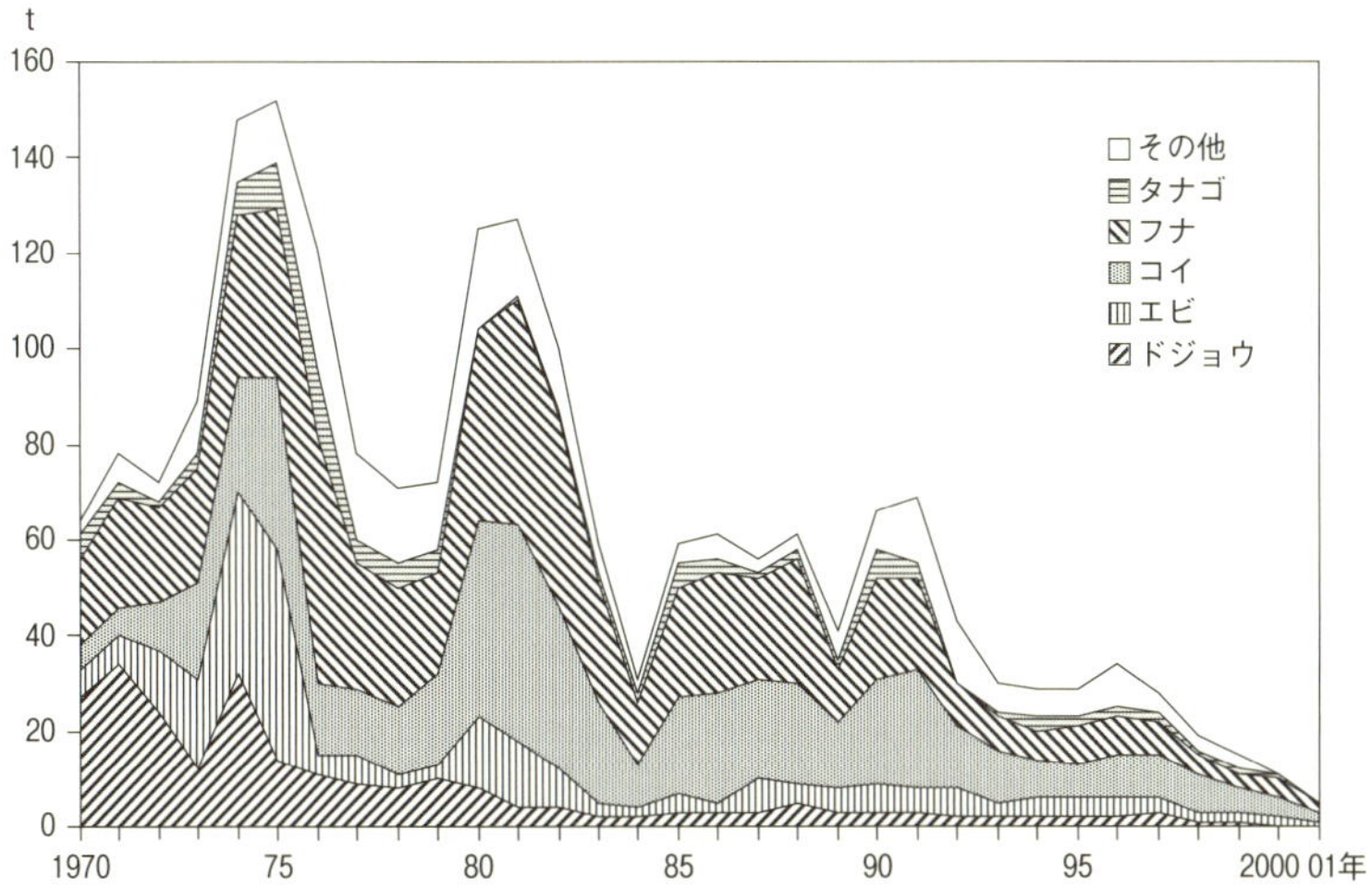


図2-8　田余漁協（石岡市域）の魚種別漁獲量の変遷
注：『茨城農林水産統計年報』より作成。

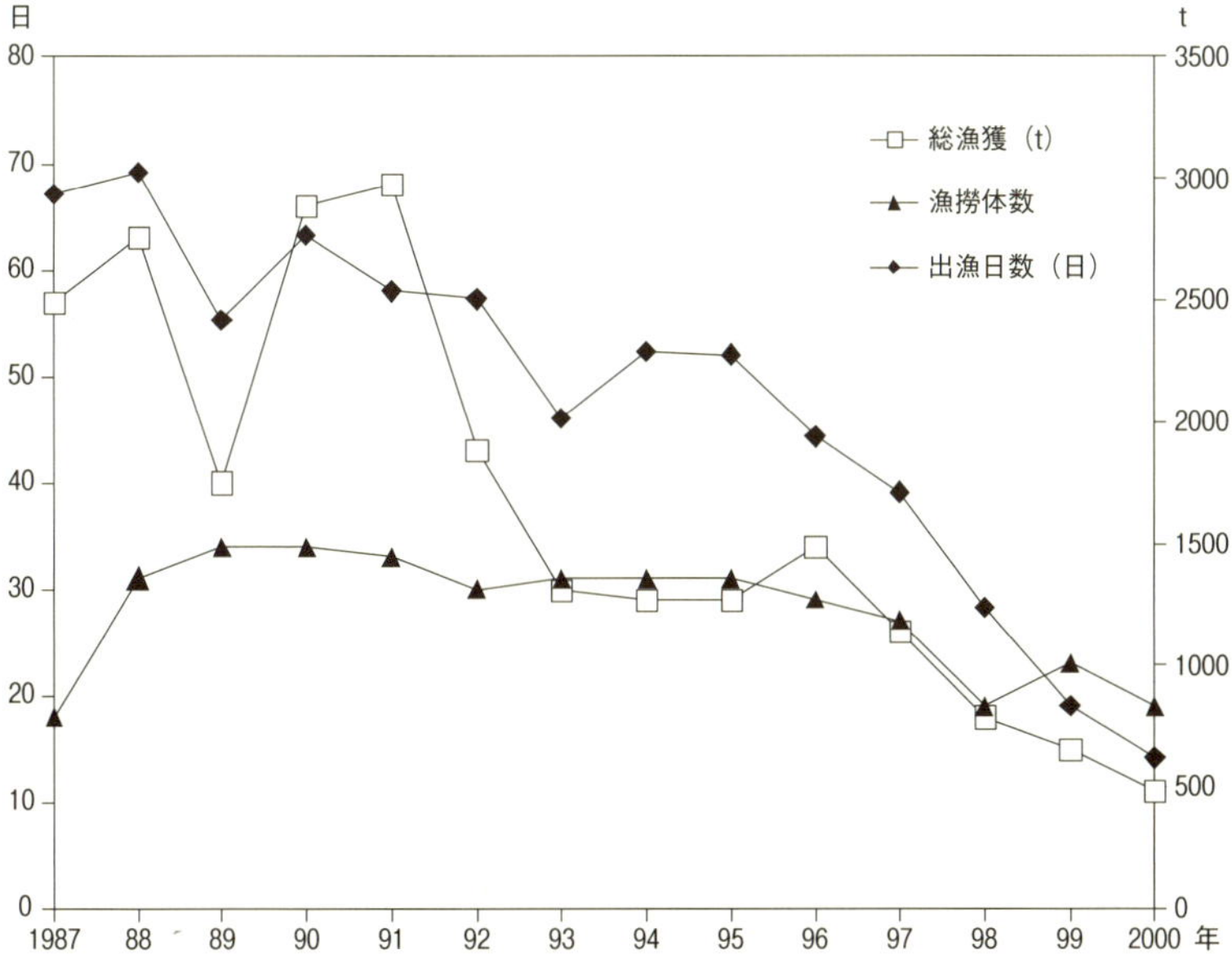


図2-9　田余漁協（石岡市域）の漁獲量・漁撈体数・出漁日数の変化
注：『茨城農林水産統計年報』より作成。

撈活動を行っていたという。[21] オダ漁とは、粗朶を水に沈めて魚やエビが隠れる場所を作り、しばらくして魚やエビがなかに隠れたところを見計らって網で周りを取り囲み、なかの魚を追い出して漁獲する方法で、主に農家が農閑期に行っていた漁法として霞ヶ浦で広く行われていた（丹下・加瀬林 一九五〇）。なお、漁業統計によると、この地域で主に捕られていた魚は、コイ、フナ、ドジョウ（*Misgurnus angillicaudatus*）、エビ、タナゴ類などである。

なお、田余漁協の石岡市域の統計を見ると、漁獲量は一九七四〜七六年あたりを第一のピーク、一九八〇〜八二年あたりを第二のピークとして、とくに一九九〇年代に入ってからの低落傾向がめだつ。九〇年代以降は担い手や出漁日数そのものが減っている。つまり単に「魚が捕れなくなっている」というよりも、漁撈活動そのものが行われなくなっている。実際に聞き取りにおいても、ノッコミ（産卵）の時期など、コイやフナなどについては、捕れるときは今でも「船がいっぱいになるほど[22]」捕ることができるが、魚を捕ったとしてもあまり需要がなく、「あまり捕っても商売にならない[23]」という嘆きが聞かれる。

また、湖は漁撈を行う人たちだけのものではなかった。農業においても、湖（水域）からの生態系サービスの享受が行われていた。それが「モクとり」といわれるものである。モク（モグ）というのは、クロモ、ササバモ（*Potamogeton perfoliatus*）、マツモ（*Ceratophyllum demersum*）などの沈水植物の総称である。夏場、このモクをY字になった棒で絡めとって畑に鋤きこんで肥料としていた。[24]

かつての湖では「マツモもいっぱいあった。山崎の堤防の水路にクロモが出る。カナダモ・ヤナギモ・ササバモは肥やしにしていた。これらは深いところで長さも長かったから一時間もやると船いっぱいにとれた[25]」という。

モクとりは夏場に行われ、春は草、秋冬は落ち葉などと、季節によって肥料を使い分けていたことや、「田んぼには入れず野菜に少し入れるぐらい」で「モクはほとんど水のようなものだから、岸まで持ち上げて乾燥すると、かさがほとんどなくなってしまう」[*26]こと、「旱魃のとき、ネギにいい」[*27]などの話がある。そのため肥料の全量をまかなうようなものではなく、ある程度用途が限定的だったものと考えられる。しかし、モクの採取は比較的容易であったためか、このモクを肥料として用いた経験のある人は多い。

なお、この採取は個人的に行われていたもので、組合などの社会的組織はなかったという。[*28]霞ヶ浦では漁業や水運に関しては霞ヶ浦四十八津など、古くから入会的な利用がなされており、現在でも独立した海区として管理されて漁業権が設定されている。しかし、モクに関しては、関川地区付近は自由な空間であったようだ。[*29]モクとりは世代的に一九四〇年生ぐらいまでの人が利用していたが、[*30]現在行われていない。昭和三〇年代までは化成肥料がなく「だからろくな米が穫れなかった」[*31]が、その後に化成肥料が普及していくと徐々に利用されなくなったと考えられる。

## 水辺の魚とり

一方、堤防ができる前は水域とも陸地ともつかないような低湿地が広がっており、こうした部分には植生帯が発達していた（河川環境管理財団 二〇〇一a）。また、田んぼなどからの水路は湖につながっていて、[*32]こうした水路も陸地側に食い込んだ水辺の一部であった。

実は、こうした水辺がまさに人と湖との関係が濃く、魚とりを通じた食糧や遊びなどの生態系サービスの享受がさかんな空間だった。陸地側の水辺ならわざわざ船を使わなくてもアプローチすることができたし、水深が深いわけでもないので子どもでも行くことが容易であった。それゆえに、この水辺では多様な魚とりが行われていた。魚とりに関する聞き取りで名前があがっている魚は、ウナギ、ドジョウ、コイ、ナマズ（*Parasilurus aso-*

*tus*）、雷魚[*33]、サイ[*34]、ヒガイ（*Sarcocheilichthys variegates*）[*35]などの魚で、その捕獲方法は実に多彩である。

今も湖岸近くに住むシゲヨシさん（一九四一年生まれ）は、子ども時代に多様な魚とりを経験してきた一人である。現在も、農業を営むかたわら地元漁協の組合員にもなっていて、時おり船を出して魚を捕ることもある。彼の子ども時代、ウナギは田んぼの水路に棲んでいたため、それを手づかみにして捕ることができていた。

その様子をシゲヨシさんはこう語っている。

「水路の泥に手を入れて、泥のなかで手にぬるっとしたものが当たると、それがウナギ。そこで、ウナギの頭と尾をつかむ。ただ、ウナギもぬるぬると逃げるから、なかなかうまくいかない。つかもうと格闘するので、一匹捕るのに一五分ぐらいかかる。脇に籠を置いておいて、逃げないうちに籠に放り込む。水のなかだといくらでも逃げていってしまうが、さしものウナギもオカにあげてしまえば、そうそう逃げられない。ウナギを一匹捕れば、鬼の首を取ったようなもの[*36]」。

また、冬に入りウナギが泥のなかに穴を掘って隠れている場合は、長い柄の先に鉤がついているウナギカマといわれる道具を使ってウナギを捕ったこともあった。シゲヨシさんは学校から帰ってくると、ウナギカマを持っている家からカマを借りてきて三～四人で穴探しをし、穴を見つけた人が掻きとりをやったという。ウナギの穴は二つの開口部があり、ひとつは頭側もうひとつが尾側に開いていて、頭側の開口部は呼吸のため水の出入りがあるため、泥が巻き上げられて少し濁っているという。ウナギは尾側から逃げるため、この二つの「穴」を区別する必要があった。そして、この逃げる方向を考慮に入れながら五〇㎝ほど突っ込み、縦横に何回も掻いてウナギを引っ掛けるようにするのである。ウナギが引っ掛かると木に引っ掛けるのとは違ったやわらかい感触があり、引っ掛けたウナギはオカに投げてしまう。しかし実際には、水のなかに入るとウナギはその気配を感じて逃げてしまうので、失敗することも多かったという。急いで水のなかに入り、二〜三回で引っ掛けないと失敗だったという。ウナギカマは太い針金などで代用することも可能で、水路のほかに恋瀬川の河口付近へ船で行って捕ったりもしていたという。[*37]

そして、春の「菜の花」の時期には、「出ウナギ」といい、このころのウナギは何でも食べるため、ツクシといわれる方法で捕っていたという。[*38] ツクシとは、二〜三mほどのシノダケ[*39]の棒にウナギ針をつけた糸をしばり、ギンヤンマ（*Anax parthenope Julius*）のヤゴやエビガニの子ども、[*40]ドジョウなどをエサ[*41]として針につけて挿しておくものである。仕掛けそのものは単純だが、数本に一本の割合で捕ることができたといい、[*42]霞ヶ浦では広く行われてきた（丹下・加瀬林　一九五〇）。これは今でも行われており、実際に筆者も二〇〇三年五月一八〜一九日にかけて今でも地元で船を出しているノリオさんやツトムさんのツクシ漁に同行し、ウナギやアメリカナマズを捕ったところを直接観察している。

また、ドジョウも水辺で多く捕獲されていた魚のひとつである。[*43] たとえば、ドジョウ掘りは冬に泥のなかで越冬しているドジョウを捕まえるもので、ヤマ（台地とその斜面）の下の伏流水が出るような田んぼでやっていた。カズヒロさんによると、そういった田んぼで足をまくりぴしゃぴしゃと歩いて、小指ぐらいの穴を見つける。それを見つけると、穴を中心にして両方の腕を泥のなかに突っ込んで手首ぐらいの深さから起こし、その起こした泥のなかからドジョウを捕まえる。そして、次から次へとこの作業を繰り返すと、バケツ三分の一ぐらいにはなった。今でも、こうした越冬中のドジョウは冬でも乾かないようなところに行くと見ることができるという。[*44]

また、五月の代掻きが済んだ田んぼではドジョウブチという道具を使うこともあった。ドジョウブチとはドジョウヤスともいわれる櫛状の針がついたヤスのようなもので、ポトンと落とすように叩いて文字通りドジョウをブツ（打つ）ものである。夜にカンテラをつけて田んぼに行くと、代掻きが済んだ田んぼはきれいに何もなくなっているのでドジョウが寝ているのがよくわかる状態になっているという。突き刺した後はバケツに落とし、これを繰り返す。一八時から二〇時ぐらいまでやると三〜四kgほどの漁獲になった。[*45] 捕ったドジョウは朝になっても生きていて、そのまま売ったり食べたりしたという。[*46]

六月の雨が多いころになるとドジョウズといわれる漁具も使われた。ズとは、タル、ウケ、セン、オケなどとも呼ばれる割竹を編んで作った筒状のもので、なかに魚が入るとアゲと呼ばれる返しがいくつかあり、構造上容易には外に出られなくなる魚用のワナである[*47]（丹下・加瀬林 一九五〇）。

ドジョウは雨が降り出して水が下流（湖）に向かって流れ始めると、産卵のために田んぼに遡上し、雨がやむと下流へ下るという。この習性を利用し、雨が降り出し遡上が始まるとノボリといい下流方向にズの入口を向けて仕掛け、雨がやむとクダリといい逆に上流方向に向かってズの入口を仕掛けた。シゲヨシさんは、同じ場所であればクダリよりもノボリの方がよく捕れたと語っている。このタイミングがうまくいけば、ドジョウがアゲ（返し）のところまで一杯に入ることもあり、これを「アゲキレ入った」と言っていたという。この状態になると、ひとつのズで一升ほどの量になった。

また、初夏のイネの分けつのころには、エサを入れたズ（エサズ）を田んぼのなかに仕掛けることもあった。エサは各個人の「企業秘密」であり、それぞれがさまざまな工夫を凝らしていたが、基本的には「田んぼにいるタニシ」（「川にいるタニシ」ではエサにならなかったという）をすりつぶし、炒った米ぬかをまぜたものを一握り

図2-10　ウナギカマ

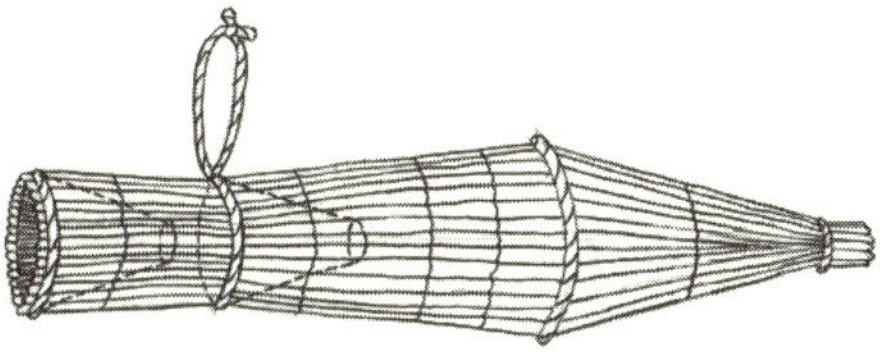

図2-11　ドジョウズ

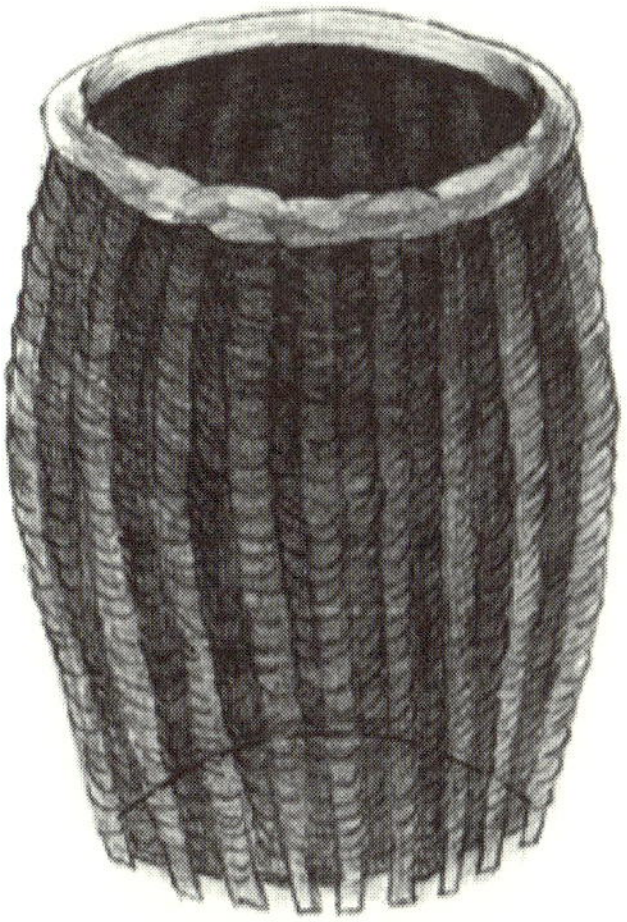

図2-12　オゲ

ほどの大きさにしてズのなかに入れる。このエサズを仕掛ける田んぼは、人が来るとゴチャゴチャと波を立てながらドジョウやオタマジャクシなどが逃げるのが見えるような場所を選び、あぜ道に沿って一直線に置くという。仕掛ける田んぼが他人の田んぼであっても村人なら問題はなかったようだ。また、人によっては全部で一度に一〇〇～二〇〇個ほど仕掛けるため、置き場所を忘れないように麦わらを目印に挿しておくという。こうして仕掛けられたエサズは一晩置かれ、ズひとつあたり三～四匹ほどのドジョウが捕れたという。[*48] 一九四〇年ごろまでは、ドジョウズを商売にしていた人もいたようだ。[*49]

一方、ノッコミと呼ばれる産卵などでコイやフナなどがヤワラといわれるヨシ原などの浅瀬に遡上してきたときには、オゲといわれる道具を使った魚とりも行われた。オゲはちょうど一抱えほどある円筒形の籠の底が抜けたような形で、これを上から魚の上にかぶせ、手づかみにして捕る道具である（丹下・加瀬林 一九五〇）。シゲヨシさんによれば、オゲはまず浅瀬でザクッザクッと無造作にとにかくかぶせていく。かぶせたオゲのなかにフナが入っていると、コトコトとオゲに魚があたる感触があるという。その感触を感じたら手を突っ込み、中心線から外側に手を回して魚を捕まえる。魚はオゲの縁にいることが多かったという。しかし、オゲのなかにコイが入るとアタリの感触はまったくちがうという。しかも、コイは上に飛び上がって逃げてしまうため、コイが入った感触がしたらすぐにオゲの上を体で覆って逃げないようにする必要があった。このとき、飛び上がったコイが覆った体に体当たりしてきたという。[*50]

また、釣りは子どもの遊びとしてもさかんだった。このころの子どもたちは釣り道具を自作していた。ヒロシさんもマダケ（*Phyllostachys bambusoides*）を竿にし、キリ（*Paulownia tomentosa*）の木を削ってウキにしていた。[*51] また、シゲヨシさんはシノダケの棒に糸をつけ、ヨシの茎の芯をウキにしたという。そして、上から魚が見えたので、ちょうど鼻先にご飯粒をエサにして落とすとすぐに食いつき、釣ることができたという。[52]

このようにさまざまな方法で捕られた魚は、自分の家で食べてしまうか問屋に売られていた。霞ヶ浦では今でも捕った魚を売る場合は問屋などと直接取り引きをするのが一般的である。[53]とくにウナギやドジョウの換金レートは高かったようで、ツトムさんによれば、ウナギは米一俵（六〇kg）が四〇〇〇円ぐらいの時代[54]がもっともよく、五〇〇円／kgぐらいのレートだったという。その後、昭和四〇年代にはドジョウがよい時代となり、夏になると七〇〇／kgぐらいのレートで、一日で三〇～四〇kg、二万五〇〇〇円ぐらいを売り上げ、月六〇万ほど稼ぐことができたため、これを商売にする人もいたという。[55]そこまで熱心にやらなくても、「学用品の足し」[56]や「小遣い稼ぎ」[57]などのために魚が売られていた。また、家で食べる場合はコイやフナなどは醤油で煮たり、[58]ドジョウは味噌汁などに入れたりしていたという。[59]

これらの水辺での魚とりは、少なくとも集落の人間であれば自由に行われていた。水辺はそうした多様な生態

表2－5　米の政府買入価格

| 年 | 玄米１俵あたり |
|---|---|
| 1950 | 2,540 |
| 1951 | 2,976 |
| 1952 | 3,454 |
| 1953 | 4,273 |
| 1954 | 4,003 |
| 1955 | 4,064 |
| 1956 | 4,028 |
| 1957 | 4,129 |
| 1958 | 4,129 |
| 1959 | 4,133 |
| 1960 | 4,162 |
| 1961 | 4,421 |
| 1962 | 4,866 |
| 1963 | 5,268 |
| 1964 | 5,985 |
| 1965 | 6,538 |
| … | … |
| 1975 | 15,570 |
| … | … |
| 1985 | 18,668 |
| … | … |
| 1995 | 16,392 |

注：食糧庁 編（2001）より作成。
網掛け部がツトムさんの言う「1俵4000円ぐらいの時代」と推定される。

系サービスの享受が行われていた空間だった。

## カワサキの農地とヤワラの開拓

堤防ができる前までは、陸地と水域の境目はあいまいだった。そこでは、農地が作られ、農産物を通じた食糧という生態系サービスの享受がされていた。

こうした低湿地における農耕は、少なくとも近世には行われていたと考えられる。[*60] 湿地の一部は近代に入り大規模に干拓されているが、残りの低湿地では昭和に入ってからも一部で耕作が続いていた。関川地区では、沖に広がる川の河口湿地（カワサキ）に作る浮島状のものと、集落の目の前の水辺（ヤワラ）に土や泥を運んで作るものと二つのパターンがあった。

カワサキと呼ばれた湿地は、恋瀬川の河口の低湿地帯に存在していた。この低湿地帯は、一九二五年（大正一四年）の干拓事業（高浜三村耕地整理事業）によって一部が干拓地へと姿を変え、また、恋瀬川の流路が北側（高浜側）に付け替えられたあと、残った場所も消滅した。[*61] しかし、明治時代の『公図』を調べると、カワサキと呼ばれていた恋瀬川河口の湿地の多くが「田」として利用されていたことが記録されている。カワサキの農地は、マコモ（*Phragmites communis*）が多く生えているところに泥などをかぶせることで作られていたという。[*62] この農地は地面についておらず、洪水になると浮いて流れてしまうようなものだった。[*63][*64]

ケンイチさん（一九二八年生まれ）の家は、こうしたカワサキで耕作をしていた家のひとつだった。田植えとしては遅い七月ごろに普通よりも長いイネの苗を植え、九月の洪水に遭わないうちに刈り取ってしまっていた。当時は、土地を借りるといっても簡単に借りられるものではなかったため、自分たちの手でカワサキを田んぼに変える必要があった。しかし、カワサキは泥を持ち上げて「地面」を作るのに男手が必要だったため、どこの家でもできることではなかったという。そして、カワサキは肥えているから、そこの米は美味いといわれていたという。[*65]

こうして耕作されていた農地は、公有水面とされている霞ヶ浦を勝手に「開拓」するものであったが、耕作者の土地となっていた。[*66]ケンイチさんの家では三反（約三〇a）の農地が登記され、もっとも多い家では八反（約八〇a）もの耕地が登記されていたという。[*67]このカワサキにあった耕地は五〇～六〇年前の段階ですでにだいぶ放棄されていったようだ。[*68]なお、カワサキ（土地そのもの）の消滅後も図面上の地権は残ったままになっていたため、一九九〇年代に霞ヶ浦開発事業の竣工に伴う水位上昇により「消滅」する土地として一〇aあたり五〇万円で国が買収したという。[*69]

一方、集落の前にあるヤワラ（水辺の湿地）ではウダレと呼ばれる泥や水草の残骸などが吹き溜まることがあった。このウダレを使ったり[*70]台地を切り崩してその土を使ったりして、[*71]ヤワラを埋めて耕地の面積を広げたり既存の耕地をかさ上げしてより安定的な土地にしたりして、水辺に面した農地を少しでも広げようという努力も行われていた。牛久沼などにあるカキアゲタは、埋め立てやかさ上げの資材として底泥を浚うために、ミヲと呼ばれる堀潰れができ、農地は櫛状になる（菅 一九九四）が、関川地区の場合は洪水後などに吹き溜まるウダレや台地の土をつかって埋め立てやかさ上げを行っていくため、櫛状のミヲは発達しなかった。[*72]

シゲヨシさんは、実際にウダレをマンノウやモッコで「持ち上げ持ち上げ」して農地を広げていった。ウダレは肥えているため肥料は必要なく、自分の家の近くなど作りやすい場所を見つけてヤワラに耕地を作っていた。こうしてできた耕地は田んぼとしても利用されるが、ジャガイモなども植えられた。春の彼岸のころに植えて運良く水害に遭わなければ収穫でき、イネであれば三俵ほど穫ることができた。[*73]カズヒロさんは、こうしたヤワラでの耕地拡大やかさ上げのために台地側から土をとりトロッコなどで運んでいた。こうしてヤワラに拡大された耕地は、個人的に作られたものであったが、その結果拡大した面積はばかにならなかった。たとえば、書類上の耕地面積は五反しかないのに、実際には八〜九反もあるようなこともあったという。[*74]

この耕地の自主的な拡大は、後の土地改良（圃場整備）の結果にも影響した。土地改良を行う際には灌漑施設や農道なども新設するため、基本的に改良前の耕地に比べて改良後の耕地面積は減少する（減歩）。しかし、この地区の湖沿いはそれまでの個人的な蓄積である「ヤワラへの拡張分」があったために、耕地面積は図面より減らずに済んだという。[*75] ただし、もともとヤワラへの拡張分は勝手に公有水面である湖を埋め立てかさ上げするという「もぐり」の土地であるために、それをそのまま個人の土地として認めるわけにはいかなかった。そのため、国有地を土地改良区に払い下げるというかたちで減歩を回避したという。[*76] 水辺の農地は、陸と湖の境目にあったあいまいな空間であると同時に、所有などもあいまいな空間であったことがわかる。

## 遊びや生活の場として

水辺は魚とりや農耕だけでなく遊びや生活の営みを通じた生態系サービスの享受をしていた場所だった。たとえば、水辺のマコモやヨシ原ではムグッチョ[*77]と呼ばれる水鳥などが巣を作ることがあった。子どもがこうした巣を見つけて水鳥の卵をとっていたという。[*78]

カズヒロさんは、

「草むらには、バンやカイツブリの巣があって卵をとった。大きさはウズラの卵より小さいぐらい。卵はゆでて食べた。鶏の卵より柔らかい。むかしはなかなか鶏の卵もなかったからね。でも、そうやって獲ってもいなくならないぐらい昔はいっぱいいた。それと産んでからだいぶたった卵は、中がひよこになっているから食べられない。なので、産んだばかりの卵をとってこなくてはいけない。言葉では表現できないが、見た目で識別できるようになる」

と話している。[*79]

また、タニシやシジミは水路や小川などでとられていた。タニシは問屋に売ることができ小遣い稼ぎになったというが、シジミは浅いところにはどこにでもいたために売ることはできなかったとも言われている。[*80] ドジョウやタニシは子どもでも比較的簡単にとることができたので、よくとっていたようだ。[*81]

また、シゲヨシさんはこのマコモを利用してムシロを織っていた。夏のうちにマコモを刈り取って乾燥させて織っていたという。マコモのムシロはワラで作ったムシロに比べてあまり丈夫ではなかったので多用はされなかったが、緑色できれいだったのでゴザとして使ったり、マメやイモ、梅干などを干すのに使ったりしていた。[*82] このほかゴミがつきにくいという利点もあったようだ。[*83] ヨシについても、ヨシズにして利用したり、掘っ立て小屋の屋根として葺いたりして利用することもあった。[*84] また、モクと同様に、マコモやヨシも田んぼや畑の肥料としてすきこまれていた。[*85]

一方、湖に面している集落では、水辺に水神様を祀ることが多かった（五十川・鳥越 二〇〇五）。カズヒロさんによれば、かつて、湖沿いにある田んぼのなかに石の鳥居とともに水神様があったが、土地改良（圃場整備）のときに排水機場の敷地内に移設され、年に一度集落の役員によってお祭りをするという。[*86] なお、この水神様は今でも確認することができるが、石の鳥居はなくなっている。また、カズヒロさんの家は、もともと廻船問屋だったため、家でも水神様を祀りえびす講なども行っているという。[87]

## 平地や谷津の稲作

陸地の土地利用は、地形図や空中写真を判読すると、林野と宅地を除くと湖に面した平地（低地）や谷津には水田が広がり、台地上には畑が広がっているというのが基本的なパターンだったことがわかる。ここが、人びとにとっての主たる生業である農業の場であり、食糧を通じた経済的にも大きな生態系サービスの享受が行われていた場だった。

まずは、稲作について見ていこう。シゲヨシさんによれば、一年の田んぼの作業は四月ごろから始まっていた。はじめのカビタウナイという耕起作業は牛や馬が引く鋤に頼っていたが、牛や馬が入れないような場所ではマンノウと呼ばれる鍬を使い人の手でやる必要があった。この作業は大変な重労働で、マンノウで一日一反やるのが限界だったという。また、年を取るとこの作業はできなくなってしまうので、若い人が頼まれて行い一日の賃金は三〇〇円[88]だった。これは当時、土浦の街まで行って映画などを見て一日遊んでくるのにかかるぐらいの値段だったという。また、牛や馬もこの作業が大変なため、すでに耕してやわらかくなった方に徐々に逃げたり、まったく動かなくなったりすることもあった。[89]家畜を使うにしろ人力で行うにしろ、機械がないころは大変な重労働であったタウナイ（耕起）を三回ほど繰り返して、やっと田植えの準備ができる。[90]なお、この地域の役務用の家畜は、圧倒的に牛が多かった[91]（渡邊 一九八七）が、こうした牛などの日々の世話は子どもの役目であることが多く、小学校四～五年にもなると餌の草刈りなどをするようになり、戦時中には軍馬用の干草の生産が割り当てられたこともあったという。[92]

写真２－２　関川地区の航空写真（1947年、米軍撮影）。右上に湖に面した低地と左下に谷津と台地が入り組んでいることが確認できる

五月ごろには苗を取るための種まきが始まった。苗が育つと、三つかみのイネを交差させてワラでしばる苗取りをして、六月ごろ田植えを行った。[*93] 田植えの前に堆肥などをまくこともあったが、いつ施肥をするかなどの方法は個人個人によって多少違っていたらしく、米の出来にも粗雑か丁寧かで個人差があったという。[*94] 田植えは地域にとっての一大作業でありユイと呼ばれる共同作業で行われていたが、この他には養蚕でもユイで行う作業が少しあったという。[*95]

昔は除草剤がなかったため、雑草がすぐに生えてきて収穫までに二回は雑草を除去しなくてはならなかった。ケンピキといわれるこの作業は、手で泥を掻き回して取らねばならず、やっているうちに筋が痛くなって掻き回せなくなる辛い作業だった。[*96] また、農薬もなかったので害虫は手作業で除去する必要があった。たとえば、イネの穂が出るころになるとニカメイ虫という害虫が発生し、シゲヨシさんによれば学校総出でこのニカメイ虫を取りに出たこともある。[*97]

このようにしてイネが育てられていくが、湖に近い水田にとって最大の災害は水害である。秋口の九月に水害に遭うことが多い[*98]が、水没してしまってもすでに出ている穂を刈り収穫を少しでも確保しようとした[*99]。しかし、ミズイネカリと呼ばれるこの作業は、収穫物が水を含んでいるために重く水面下で刈り取りをするので、どうしても鎌で手を切ってしまう辛いものだった。そして、水にぬれた米は芽が出てしまうと出荷の際「等外」とされ二束三文の値段にしかならなかった[*100]。とくに夏に大水が出て水に浸かってしまうと「土用の水」といい、水が暖かいからイネが腐ってしまうとされ[*101]、実際にほとんど収穫にならなかった[*102]。それゆえに、湖の近くの田んぼでは、収穫は当てにならなかったという[*103]。

それに対して、内陸の谷津にある水田は面積が狭い[*104]、日陰にもなりやすく水も冷たいので生育が悪い[*105]、などの条件から収量は少なかったが[*106]、水害の被害を免れることができる利点は大きかった[*107]。しかし、この谷津田は誰しも持っているものではなく、地主と姻戚関係にあったりしないと借りられなかったという[*108]。

田んぼでは一〇月ごろになると収穫が始まる[*109]。シゲヨシさんによれば、収穫前にはリッツオと呼ばれるイネを束ねるためのワラを用意した。一度に持ち運べるのは一〇〇本ぐらいのリッツオで、一〇〇〇本（＝イネ一〇〇〇束）で八俵ぐらいの収穫量に相当したという。この束のことをカリダシといっていたが、「カリダシ（の量が）があるから今年は（収穫が）あるよ」などと皮算用をするのがひとつの楽しみだったという[*110]。化成肥料などがなかった時代は、だいたい一反（約一〇a）につき五〜六俵[*111]の収穫があった[*112]。

当時、湖の近くにあった田んぼや干拓地の田んぼは泥の深い湿田だったので、ナァバゲタという田下駄を利用した。しかし、田下駄を使っていても泥に完全に埋まってしまうと身動きが取れなくなってしまうため、草や刈り取ったイネの株の上を歩く必要があり、そのためには多少のコツが必要だった（株の上を歩かなくてはいけないため、きれいに何もなくなっている田植えのときには使えなかった）。素足で履くため、履いているうちに皮が剥けて痛くなり、布を足に巻いてやり過ごしていた。[*113]

収穫した後は、台風がこないうちにオダと呼ばれる稲架に掛けてイネを干しておいたが、一週間も引っ掛けたままにして放置してしまうと鳥に食べられて見る影もなくなってしまう。[*114]

イネを干し終わると脱穀の作業が始まる。シゲヨシさんによれば、昭和四〇年ぐらいまでは足踏み式のガーコンという脱穀機が使われた。そしてマデブチと呼ばれる唐竿（くるり棒）で叩き籾を取り除き、籾殻と玄米を唐箕で飛ばして玄米にしていた。その玄米は俵に入れて出荷していた。俵はひとつが四斗入り（重さにすると六〇kg）で、夏や冬の間に編んで作っておいた。そして、集落の広場に集め重さを量り、サシという道具で中身を調べて古い米が混じっていないかどうか確かめた後、政府の検査員が青いはんこを押していったという。[*115]

## 台地上の畑作と作付の変化

一方、台地上で行われていた畑作は、一九六〇年ごろまでは基本的に冬に麦を作り、夏には落花生やサツマイモなどを作るパターンが多かった。[*116] サツマイモは、はじめはあまり食味のよいものではなかったが、品種改良が進みだんだんと食味のよいものとなっていき、カンソウイモやイモモチなどに加工していた。[*117] 当時の農家は現金収入があまりなかったため、現金による支出をなるべく抑えるようにしていたので、田畑の肥料についても湖でモクをとってきたり、ヤマで落ち葉を拾ってきたりして、堆肥を作っていたという。[*118]

その後、畑の作付けは現金収入のいいものを追い求めて目まぐるしく変わる。専業農家のタミオさん（一九三五年生まれ）は、麦やイモから作付けをいろいろと変えて農業を営んできた一人である。一九六〇年ごろから何年かかけてキャベツを主力に、ハクサイ、ホウレンソウ、コマツナなどの栽培を始めるようになった。

その作付けの変化を、タミオさんは、

「作る作物は市場動向を見て、高く売れるものとか、収穫のタイミングとかで、うまく回せるものを選んでいった。たとえば、いいときはキャベツの市場での取引の値段が一個二〇〇円ぐらいで取り引きされたこともあった。あれは昭和四八年ごろかなぁ。今ではとても考えられない。そして、次の年に作付けを増やしたら、一個五円に大暴落。これでは元が取れないので機械でつぶしてしまう。だから、農家はどんどん投機的になってしまう。三回やって一回当たればいいという気になる。ほかにも、今でも語りぐさだが、東京オリンピックや大阪の万博のときなんかは、タマネギやジャガイモが二〇kgで五〇〇〇〜六〇〇〇円になったことがあった。当時の米六〇kgの値段と同じぐらいだった。外国人がいっぱい来るから、たぶん、共通してどこでも食べられるのがカレーということになったのではないか。だから、その材料が高くなったんだと思う[*119]」

と振り返る。

また、畑での野菜の栽培は、一九六〇年代ごろから付近に進出してきた食品工場との契約栽培というかたちをとることもあった。契約栽培は取引値段が安定する一方で、逆に大きく「当たる」こともなかった[*120]。それでも、市場の需要などによって、作付けそのものはいろいろと変わってきている。農協に長年務めてきたタクミさんによると、ムギやイモなどから野菜へと作付けが変化するのと同時期に付近に食品会社の工場が進出したことをきっかけとして、加工用トマトの契約栽培が始まったという。昭和四〇年代には契約栽培でホワイトアスパラガスが、そして市場での値が高いということでニンジンの生産が始まったという。

なお、この地区において新しいかたちの農業として進められているのはキュウリや花卉などのハウス栽培である。専業農家のナオマサさん（一九五〇年生まれ）は現在キュウリのハウス栽培で生計を立てている一人である。ナオマサさんは一九七九年の「第二次構造改善事業」まで露地でピーマンを栽培していたが、ちょうど連作障害が出てきていたころで、農協からハウスでのキュウリ栽培が持ちかけられたという。当初は投資も必要なため不安だったが、最終的に同級生などといっしょにキュウリに切り替えることにしたという。現在ナオマサさんのハウスのキュウリは年二回のサイクルで作っている。一一月下旬に苗を植付け、翌年一月ごろから五月ごろまで収穫を行い、七月中旬に植え付けて一〇月ごろまで収穫を行う、という繰り返しである。このキュウリは埼玉県の市場に出荷している。なお、ナオマサさんは田んぼの耕作もしているが出荷することはなく、自家消費と知人への「縁故米」だけだという。[*121]

## 農業用水の確保

農地が湖に面していても、ポンプによる給水が行われるまで農業用水は湖から得られたわけではなかった。つまり、現在とは異なり、湖から「水の供給」という生態系サービスを享受することができなかった。その結果、台地上の畑は天水に頼るしかなかったし、場所によっては大量の水をたたえる湖を前にしながら「干ばつ」が起きることもあった。関川地区は幸いにも井戸や湧水が豊富な土地柄で、農業用はほとんど井戸やため池でまかなっていたという。[*122] それゆえに、湖の水はせいぜい風呂の水を汲むことがある程度であるが、水を汲んできて沸かしたら、そのなかにシラウオが入っていたというエピソードもあった。[*123]

また、谷津にはため池がいくつか存在していて、ダイノイケ（台の池）はこの地域でも大きなため池だった。[*124]子どもが船の模型を浮かべたりするなど遊び場所にもなっていたが、水深は一m七〇〜八〇㎝ほどあり深かったという。[*125]現在では池というよりも湿地のような状態で残っている。ため池の管理などは、「ツボ（坪）」と呼ばれる地縁のグループごとに持ち回りで行っていた。[*126]

## ヤマの営み

関川地区では台地や台地斜面を中心としてアカマツ（*Pinus densiflora*）やコナラ（*Quercus serrata*）などの「ヤマ」といわれる雑木林が広がっていた。この雑木林は燃料や肥料、材木などを供給したり、遊び場などの多様な生態系サービスを享受する場となり、人びとの日常生活を支えるものだった。また農地の多くを地主が所有していたのと同様に、ヤマも集落に数軒ある地主がその多くを所有していた。かつて廻船問屋であったカズヒロさんの家も地主のうちの一軒である。つまり、ほとんどの家がヤマから落ち葉などを得るためには「ヤマを掃除する」[*127]とか「ヤマ仕事を手伝う」[*128]などの名目で地主から譲ってもらう必要があった。なお、戦後の農地解放では林野は対象とならなかったため、一部の開拓地[*129]を除いて林野が多く温存され（石井 一九八〇）、今もヤマの多くの土地は地主が所有している。[*130]

当時、落ち葉は、主に肥料[*131]や炊きつけ[*132]などとして利用されていた。地主や管理をしている山守と話をつけて、クマデなどで落ち葉掃きを行い、[*133]ブーパカゴと呼ばれる落ち葉用の大きな籠に入れて運んでいた。[*134]この落ち葉掃きは冬の期間の仕事で、落ち葉は牛糞や人糞を混ぜて発酵させて田んぼや畑の地力を高めるために使われた。[*135]なお、こうした有機質の肥料は、化成肥料を使うようになってからもその効果を効率よく引き出す（コエモチをよくする）ため、一種の土壌改良として用いられる。[*136] ただし、その材料は落ち葉ではなく、田んぼで出た稲わらや籾殻[*138]などであり、各家で手に入りやすい材料を使っているようだ。[*137]

また、薪を集める作業も基本的に冬の仕事で一年分の薪を集めなくてはならなかったので、ボック掘りといわれる作業を行ってまでも薪を集めていた。[*139] ボックとは切り株（とくにマツの切り株）のことである。掘り返された切り株はノコギリで切りナタで割って薪にしていたが、ボック掘りは牛も利用されるほどの重労働だった。[*140] そのため、この作業はどこの家でもできるものではなく、人手がある家に限られていたという。[*141] シゲヨシさんは、このボック掘りを経験しているが、直径三〇cmぐらいのボックでも一日に三個ほどが限界だったという。この作業は冬の間、二ヶ月ほど続けられていた。[*142] こうして人の手が常に入っていたヤマは、「ゴルフ場並みにきれいだった」という。[*143]

なお、この地区周辺のヤマは、アカマツの木が多く生えていて、マツの木は材木としても使われた。たとえば、家を建てるときも、地主と交渉して木を売ってもらい、それを建材として使っていたという。[*144] そのため、四〇～五〇年ほど前までに建てられた家では、マツなどの地元産の太い木が梁として使われているのが確認できる。[*145]

## 祭礼行事

すでに水神様については触れたが、そのほかにも祭礼行事が行われていた。とくに盛大なのは祇園祭りで、各神社で六月ごろ（現在は各神社とも新暦七月二五日に統一されている）に行われていた。大字石川には鹿島神社、大字井関には井関琴平神社があり、どちらも三日間かけて行われ、若衆が神輿を担いで各集落を練り歩いたり、霞ヶ浦に神輿のまま入ったりするなどと大騒ぎの行事だった（渡邊 一九八七）。この祇園祭りは現在でも行われており、たとえば大字石川では仲丸、台石川、下石川という小字ごとに一日ずつ、三日間かけて鹿島神社の御神輿がまわり、御神輿があるところにほかの二つの小字が挨拶をしに行った。昔は笛を吹いたりして練り歩いていたが、今は御神輿を担ぐ人がいないので役員が車で移動させておりだいぶ様変わりした。[*146]

そのほかの祭りとしては、大字石川では、一月のオヒマジ（住人構）、二月のお稲荷様のお祭り、三月の疫病神の追い払い、中秋に八幡様のお祭り、九月の大日様のお祭りがあり、大字井関では二月のお稲荷様のお祭り、四月のお釈迦様のお祭り、七月の大人形、一一月の山の神のお祭り、一二月の川ピタリ（カッピタ）などがある（渡邊 一九八七）。

現在でもこれらのいくつかは形を変えながら行われている。たとえば、オヒマジは、昔は一月の二四日と決まっていたが、現在では一月の最終日曜日になっており、今は「住人講」と呼ぶようになっている。内容は坪ごとに集まり、火の神様とされる愛宕山（茨城県笠間市）からお札をお迎えして住民に配るというものになっている。また、八月には、もう一度住民が集まる機会があり、草刈りや掃除など行った後、昼から親睦会を行ったりする。[*147]

## 5 水辺とヤマの崩壊――生態系サービスの享受の変化

さて、前節では高度経済成長期前の生業を通じた生態系サービスの享受の姿を再構成してきた。この節では、その後の変化をふまえて現在の自然再生事業が行われるにいたるまでの生態系系サービスの享受の変遷を考察す

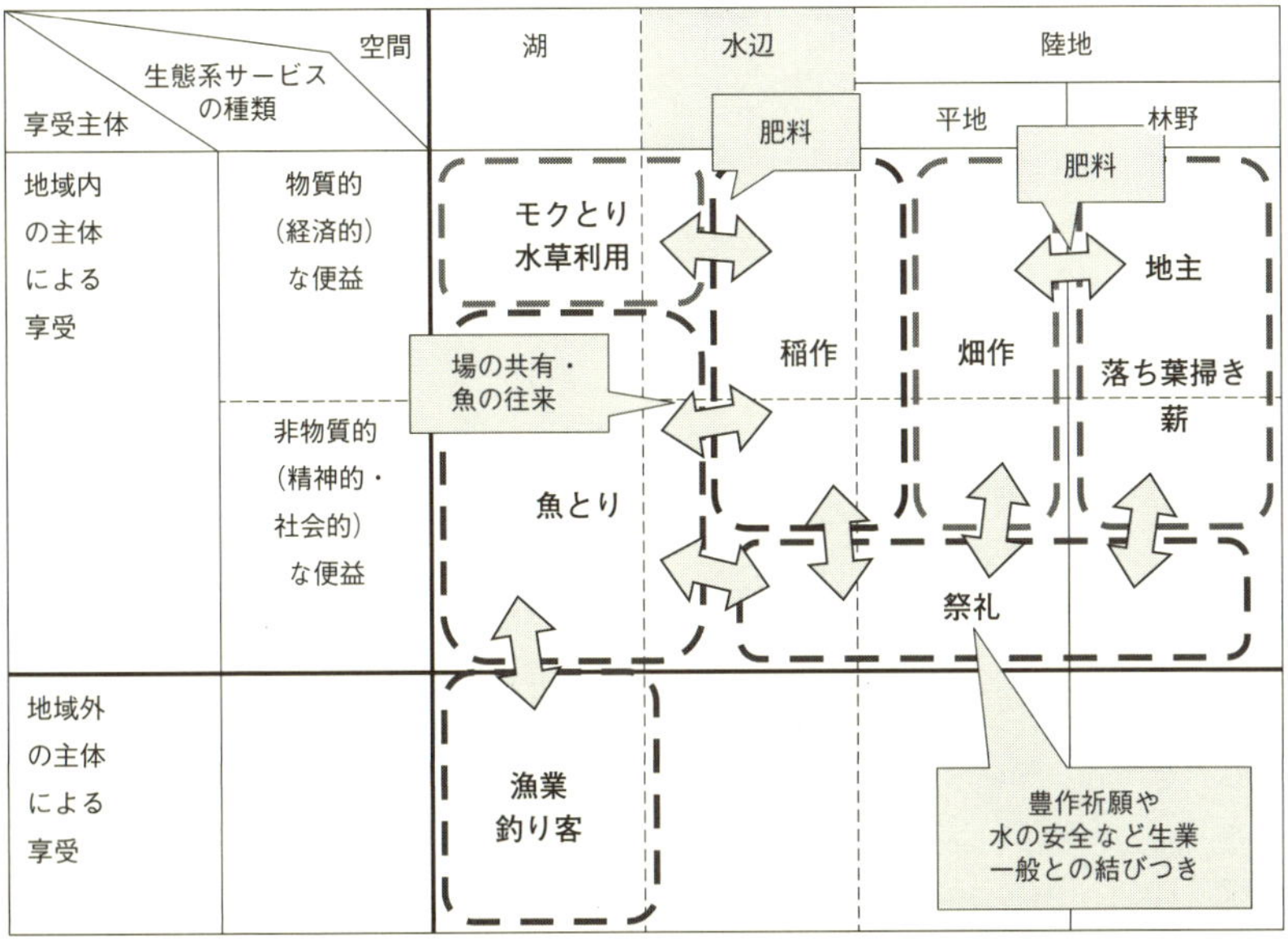


図2-13　高度経済成長期前の生業を中心とする生態系サービスの享受

る。まずは、前節にて再構成した高度経済成長期以前の関川地区の生態系サービスの享受の姿を整理しておこう。

まず、縦軸で生態系サービスの供給の主体（地域内・地域外）や種類（物質的・非物質的）によって分類し、横軸で地理的空間を分類したマトリックスを作り、主な営みが、どこで、誰に、どんな生態系サービスとして享受されていたのかを整理したのが図2-13である。

このように整理すると、少なくともこのころの生態系サービスの享受の特徴は三つあると考えられる。

一つめは、生態系サービスを享受する営みの多義性である。図でいえば、営みの多くが縦方向に伸びており、物質的なサービス（経済的な意味）と、非物質的なサービス（社会的・精神的な意味）の双方を享受するかたちになっている。たとえば、この地域の経済的な基盤としてもっとも大きなウェイトを占めていたのは稲作と畑作であった。しかし、稲作と畑作は物質的なサービスを得るだけの営みではない。ここで先祖からの土地を耕し作物を育てること自体が、この地域に生きる人には精神的な意味を持ち、ユイと呼ばれる共同労働や、それを支える集落の結束を確認するためのオヒマジ（住人講）などは社会的な意味を持つ。すなわち稲作や畑作を行うことは非物質的なサービスの享受にもなっているのである。

こうした多義性は稲作や畑作だけではない。水辺を主な舞台として営まれていた魚とりなどの「遊び」についても同様のことがいえる。前節でもいくつか紹介したような数々の魚とりは、子どもの遊びのなかにも登場し、大人にとっても娯楽的な側面が強いことは間違いない。しかし、だからといって単なる娯楽としての「遊び」でしかなかったわけではない。小遣い稼ぎ程度ではあるものの、ウナギやドジョウなどは多少なりとも問屋に売ることがあったし、なにより捕った魚は日々の食卓をよく賑わしていた。その意味では魚とりは多少なりとも経済的な意味も持ち合わせていた。また、「ウナギを一匹捕れば、鬼の首を取ったようなもの」*148だったことや、ズに入れてドジョウをおびき寄せるためのエサを、各個人が工夫した秘密の製法によって作っていたことからも、この魚とりはいろいろと「こだわり」をもって行われていたことがわかるし、その意味で、魚とりには個人個人の思い入れがあったということもできるだろう。

二つめの特徴は一つめと密接に関連するが、営み同士の連鎖である。図では矢印で表現されているが、それぞれの営みが他の営みと関係なく孤立して行われていることはほとんどない。たとえば、モクとりは、稲作や畑作のための肥料の入手のために行われていたし、ヤマからも落ち葉などの肥料が供給されていた。また、魚とりも、ドジョウズのように水田における稲作を前提に成立するようなものも少なくなかった。そして、「ノッコミ」のように、魚自体もまた水田を産卵場所にして往来をしていたのである。

写真２－３　排水機場の敷地に移された水神様

水神様などの祭礼もそれ自体がひとつの精神的な営みであるが、水の事故や水害を免れ[*149]、豊作を祈願するという意味では、さまざまな生業と結びついていたということができるだろう。ここで重要なのは、個別の営み自体が多義的なだけでなく、それらが相互に関連し連鎖することで営み全体がより豊かな意味を持っていた点である。いわば、意味づけや空間の異なるいくつかの営みが相互に関係し、支えあうような構造から、農業生産物や漁獲といった物質的な生態系サービスだけではなく、信仰や遊びのような非物質的な生態系サービスを享受していたことがわかる。

そして、三つめは生態系サービスの享受の主体である。営みの多くが図の上段に配置されており、こうした営みの多くがその地域に暮らす人びとによって担われ、そこからさまざまな生態系サービスが直接享受されていたことがわかる。もちろん、図の下段に示した他地域の漁業者による漁業や釣り客のように地域外の人びとによって湖の生態系サービスが享受されることもあったが、圧倒的に多様で切実だったのは、関川地区に暮らす人が享受するサービスであった。むしろモクとりやドジョウズのように明示的でなくとも事実上地元住民にしかその生態系サービスの享受ができないものもあった。

このような人と自然のかかわりはその後、高度経済成長の時代を迎えて変質することになる。この時代に大きく進んだのは生業の産業化だった。より具体的にいえば、農業の効率化や機械化である。

まず、農薬や化成肥料の導入などによって、単位面積あたりの収量が大幅に増加した。また、機械の導入によって作業の効率は大きく改善されることになった。耕耘機を例にとると、この周辺地域で耕耘機が本格的に普及しだしたのは一九六〇年ごろだったという（斎藤 一九八二）。シゲヨシさんは昭和三〇年代のうちに「機械を買わねばしゃぁねぇ」ということで耕耘機を導入することにしたという。もちろん、機械を買うためにはお金がいるため、初期には他に商売をやっているなど現金収入のある家でないと買うことができなかった。しかし、水田も畑も耕作面積を増やして収入を上げていくためには耕耘機を導入する必要があった。そこでシゲヨシさんの家では、それまで耕作に使っていた牛を上肉がとれるように冬の間に肥やしておいて、ちょうど耕耘機と同じ値段の一七万円で売り、耕耘機を導入した。耕耘機は腕ずくで回すようなものであったが、多少草が生えているような場所でもきれいに植えやすくすることができるため、代掻きなら一日あたり一haと今までの一〇倍もできる画期的な機械だったという。[*150]

なお、このような変化の影響は耕地のなかだけにとどまるものではなかった。重要な経済的基盤であった農業の変化は、他のさまざまな営みに大きな影響を与えることになる。化成肥料の導入や機械の導入は、裏を返せば、モクとりや落ち葉掃き、家畜の利用といったかつての営みがその必要性を失って消滅することを意味した（図２－14）。

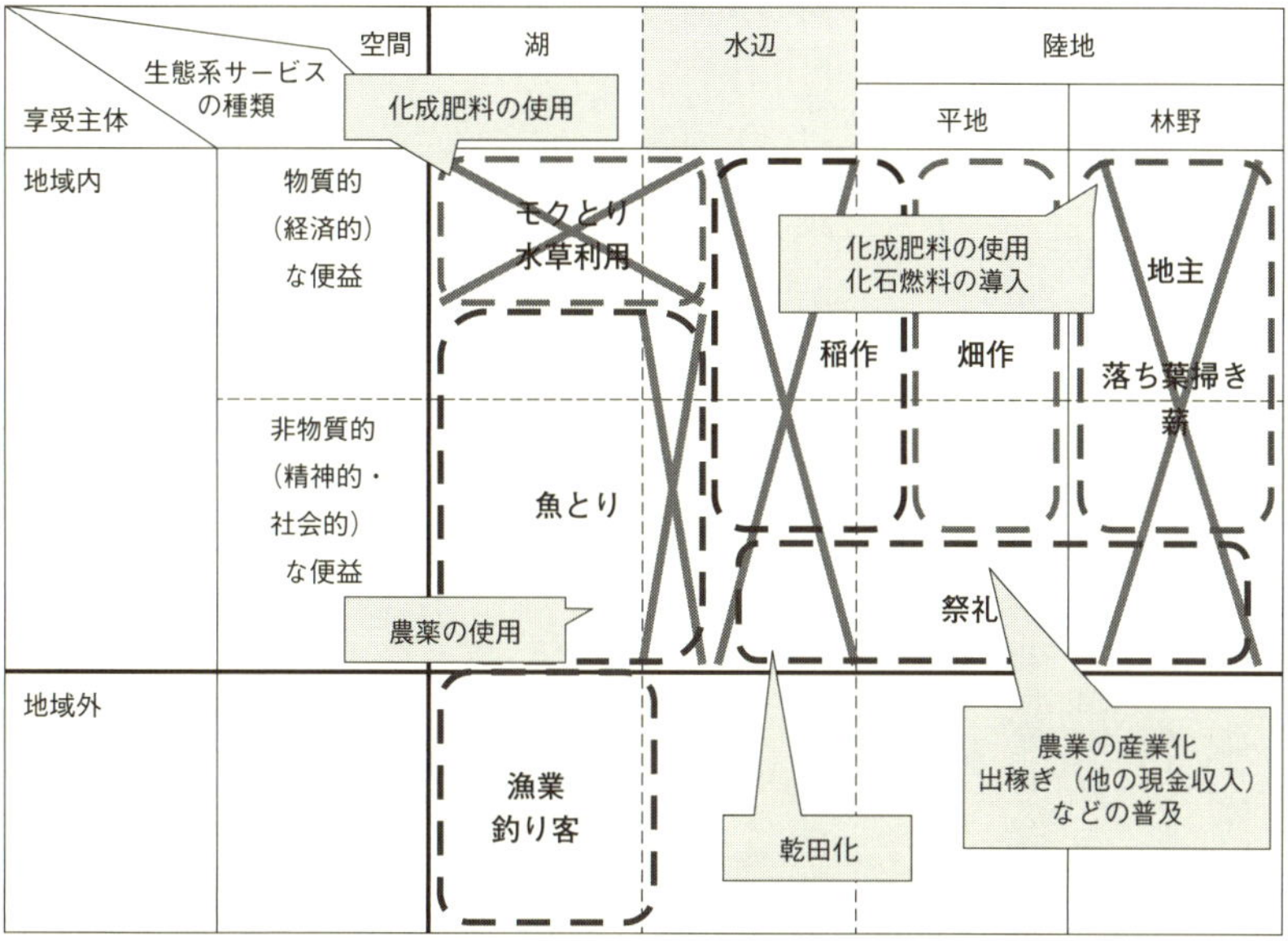


図2-14　生業の産業化による生態系サービスの享受の変化

また、水路などの水辺を舞台として行われていた多彩な魚とりにとって、直接影響が大きかったのは農薬の使用だったという。シゲヨシさんによれば、昭和三〇年代に入りエンドリンやパラチオン[151]といった農薬が本格的に使用されると、泥のなかに潜る性質のあったウナギやキンブナが真っ先に消えたという。このころはまだ農薬をつかった人間まで被害が出るというような認識はなかった[152]というが、その他の魚も、田んぼに農薬をまいた後に雨が降ったりすると、その農薬が排水路に流れ込み、魚の腹で水路が真っ白になるほど魚が浮いたこともあった[153]。こうして田んぼの水路などの農地に近いところにいた魚は急速に姿を消していくことになる。そして、農薬の影響は魚の数を減らしただけでなかった。農薬の使用によって魚が大量に死んだのを目の当たりにしたことは、「カワの魚を食べなくなった。農薬や汚染のせいで、そこに住んでいる魚を食べるのは怖い[154]」というように、水辺で捕れた魚を食べること自体をためらう要因になった。「魚を食べる」という営みが消滅していったのには、こうした複合的な要因が絡まっている。

一方、こうした農業の効率化や機械化は、その地域の社会的な関係をも変化させている。たとえば、田植えは稲作において短時間にもっとも大きな労力が必要な作業のひとつである。そのため、田植えをするにはユイのような労働の相互扶助が不可欠だった。このほかにも、同様の相互扶助・共同管理が、養蚕やため池の管理においても、オヒマジ（住人講）や葬儀、祭礼においても行われてきた。この関係は、今でも関川地区では「ツボ」という集団が基本的な単位として残っていて、生産のための関係を中核にすえつつも生活全般にかかわる相互扶助の単位となっていた[*155]。しかし、田植え機などの機械の登場により、田植えそのものの作業が機械の操縦者だけで基本的に事足りてしまうようになった。そのため、ユイのような社会的関係は、その必要性を失い消滅していった。現在はこれとは別に、ライスセンターや共同で機械を運用するための組合や請負などの社会的関係が新たに構築されている。しかし、これは作業の効率的な遂行のための関係という点では類似しているが、ユイのようなある種、地縁・血縁が絡む濃密な社会的関係を前提としたものとは違う性質のものである。「ツボ」に関しても、今では、住人講や葬儀、掃除などの経済活動とは離れた共同作業の単位に役割が縮小されている。

さらに、効率化・機械化が進む過程は、農業そのものの社会的・精神的位置づけの変化とも重なる。つまり、農業という営みが市場経済のなかで貨幣を得る手段としての産業としての「農業」へと変化してきたのである。だからこそ、営みを規定する社会的な価値観として、耕作活動はより効率化しなければならなかったし、畑作は市場で高く売れるような作付けを常に追及しなくてはならなかった。しかし、当時の農業の効率化・機械化には限界があった。なぜなら当時の農地は、泥が深い湿田が多く大型の機械の侵入を阻んでいたからである。これはさらなる効率化・機械化の障害として認識され、その帰結として水田の乾田化（陸地化）という、より大きな環境改変が望まれることになる。

生業の産業化にともなう市場経済の浸透は、日本全国で進んでいたことであり、単純にこの地域個別の事情だけで進行したわけではない。つまり、地域内の変化はより大きな社会的変化とも密接に絡んでいる。ヤマの薪集めの消滅を例にとろう。関川地区では、東京オリンピック（一九六四年）の前後から、薪に代わって化石燃料であるプロパンガスが普及し始めていた。[*156] もちろん、プロパンガスは現金によって手に入れなければならなかったので、サラリーマン世帯などの現金収入のある家から切り替えていったが、[*157] 結果的に農家にも普及していき、薪集めは消滅していくことになる。[*158] 現金収入が希少なはずの農家にもプロパンガスなどの化石燃料が普及したのは、ただ単に「手軽」だからというだけではなかった。カズヒロさんによると、プロパンガスが普及し始めたころ、東京では建築現場関係の仕事が数多くあったため、冬の農閑期に東京に出稼ぎに出ることが多くなったという。関川地区は常磐線にも近いため、早朝の電車に乗れば仕事に通うことは十分可能であった。出稼ぎに出ると冬の仕事である薪集めはできなくなってしまうが、代わりに現金収入が得られ、薪の代替としてのプロパンガスも十分に買うことができた。つまり、農閑期にヤマで木を取るよりもその時間を使って出稼ぎに出た方が、割がよかったのだという。[*159]

このことは統計資料からも推測できる。一九六五年（昭和四〇年）の一世帯当たり一年にプロパンガスにかかる金額は、全国平均で約四七三五円と推計できる。[*160] 一方で、日雇いの「土工」の平均賃金は、一日当たり東京都内で一四五五円、茨城県内でも九二二円である。[*161] プロパンガスだけを対象にしている大雑把な計算ではあるが、日雇いの土工仕事を一週間もすれば、一年分のプロパンガス平均消費量を購入できる収入が得られたことになる。薪集めが一冬かかる仕事だと考えれば、どちらが割がよいかはいうまでもない。つまり、関川地区の生活が依拠する経済システムが、生活物資を地域内で調達するのではなく、現金によって市場から調達する形に転換したことが、営みの消長にかかわっている。この転換が可能になるのは、貨幣経済が浸透していることと（薪の代替物であるプロパンガスが現金で相対的に安く手に入ること）、出稼ぎ先である東京との交通が整備されていること、また建設ラッシュによって東京に「仕事がある」という状況によって実現する。ヤマの薪集めが消滅したのは、単純に化石燃料や化成肥料が技術として登場したからではなく、こうした複合的な理由によってこの地元住民が生活していくうえで化石燃料などを使う方が「割が良い」状況に変化したからである。

こうした機械化などの技術や貨幣経済の浸透による生業に対する社会的な価値観の変化は、これまであった生態系サービスの享受を消滅させたりして人と自然のかかわりを変質させるものだった。営みの多義性は薄れ、とくに生業は経済的な意義に収斂されていった。それに不可欠な機械化などによって、結果的にモクとりや落ち葉掃き、薪集めなどの多様な意味づけのもとに空間をまたいで連関していた営みも消滅していった。化成肥料を使うようになった農業は、もはや水域や林野にかかわる必要はない。そこでは、営みが相互に関係し支えあうような生態系サービスの享受の姿は崩れ、農業生産物という物質的な生態系サービスの享受への特化が進んだ。

このことは、この地域における人と自然のかかわりが変質することを意味したのである。

その結果として、大きな環境改変が発生する。関川地区でいえば、そのひとつが土地改良（圃場整備）である。土地改良は、稲作の機械化を進めるうえで必要だった水田の乾田化（陸地化）のために切望されたものであった。[*162] すでに、水辺では魚とりのような営みは行われなくなっていたため、少なくとも、この地域で人びとが生きていくために水辺を守るというインセンティブは働かない。むしろ、水辺を消滅させて土地改良を行う選択

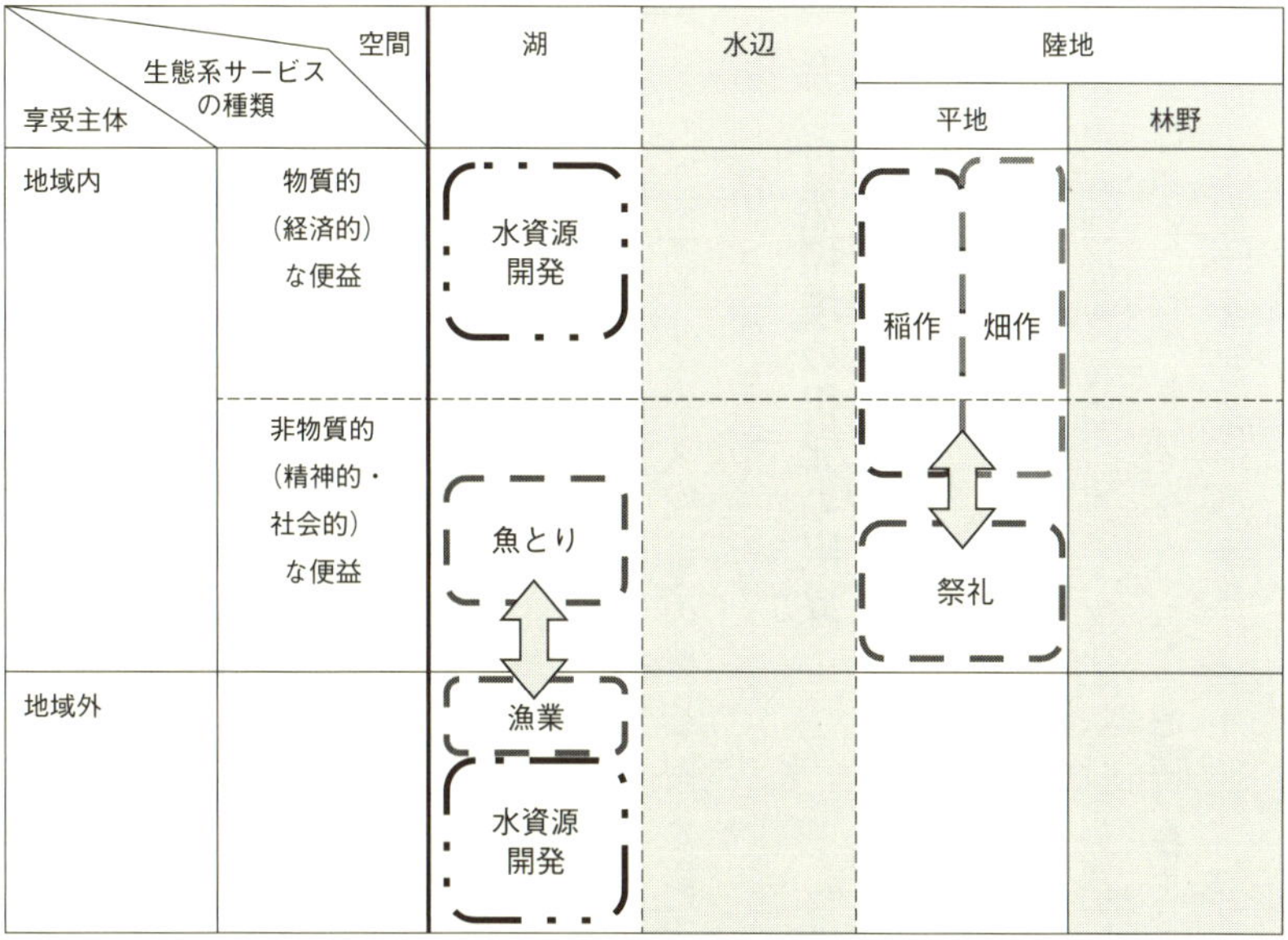


図 2-15　水辺とヤマの〈崩壊〉

が、当時の状況下では合理的だと判断された。

土地改良によって湖と水路と耕地の境界は明確になり、暗渠を含めた排水路が整備された。[*163] その結果、場所によっては排水路の水面が湖の水面よりも低くなり自然排水ができなくなったため、排水にポンプが必要になってしまったが、[*164] 湿田を乾田にすることができた。また、それと同時に、農業用水もこれまでの井戸や天水から、ポンプで霞ヶ浦の水を汲み上げて給水する方法へと変化した[*165]（これにより初めて霞ヶ浦はこの地域の農地にとって「水資源」という生態系サービスの供給源となった）。

また、この時代は、常陸川水門の建設を皮切りに、水資源開発による霞ヶ浦の「水がめ化」が進められた時期でもある（霞ヶ浦総合開発）。それは、この地域の水供給にも貢献したが、鹿島臨海工業地域や東京などの地域外への水資源の供給という役割が大きいものだった。現在の大きな堤防は、このような大規模な水資源開発に伴って建設された。こうして魚とりの主な舞台となった水辺は物理的にも崩壊した。すなわち水辺は、関川地区の魚や農作物、精神的な価値などの数々の生態系サービスの享受の場という点においても、物理的な空間としても二重の意味で崩壊してしまったといえるだろう。

ヤマにも同様のことがいえる。それまで、人の手が入ることで維持されてきた林野（アカマツを中心とした雑木林）は、落ち葉掃きや下草刈り、間伐・除伐などが行われなくなることで、林床がアズマネザサなどの密生した藪へと変化し、「荒れた」状態となる。確かに林野という空間そのものは崩壊していない。しかし、「荒れてジャングルのようになっている」[*166]ヤマに人が入ることはもはや稀であり、営みから切り離された林野は、工場用地や宅地、農地などの別の活用法が提示されれば、たやすく開発されて消滅してしまうことも少なくない（林野庁指導部 一九九六）。その意味では、ヤマもやはり、水辺と同じく崩壊しつつあるといえる（図2－15）。

こうした生態系サービスの享受の変化を踏まえたうえでこの地域の自然再生事業を評価してみよう。

## *6* 自然環境の復元の限界

関川地区で行われているさまざまな取り組みは、湖岸における大規模な植生復元工事からもわかるように、第一義的には湖岸の水辺という空間を主な対象とし、その生物相の復元（restoration）をめざしている。実際にこの植生復元地区や学校のビオトープなどでは定期的に生態学的なモニタリングが行われている。それに基づいて生態系の順応的管理を行うべく、「霞ヶ浦湖岸植生帯の緊急保全対策評価検討会」が設置され、中間報告書も出ている（霞ヶ浦河川事務所 二〇〇七）。

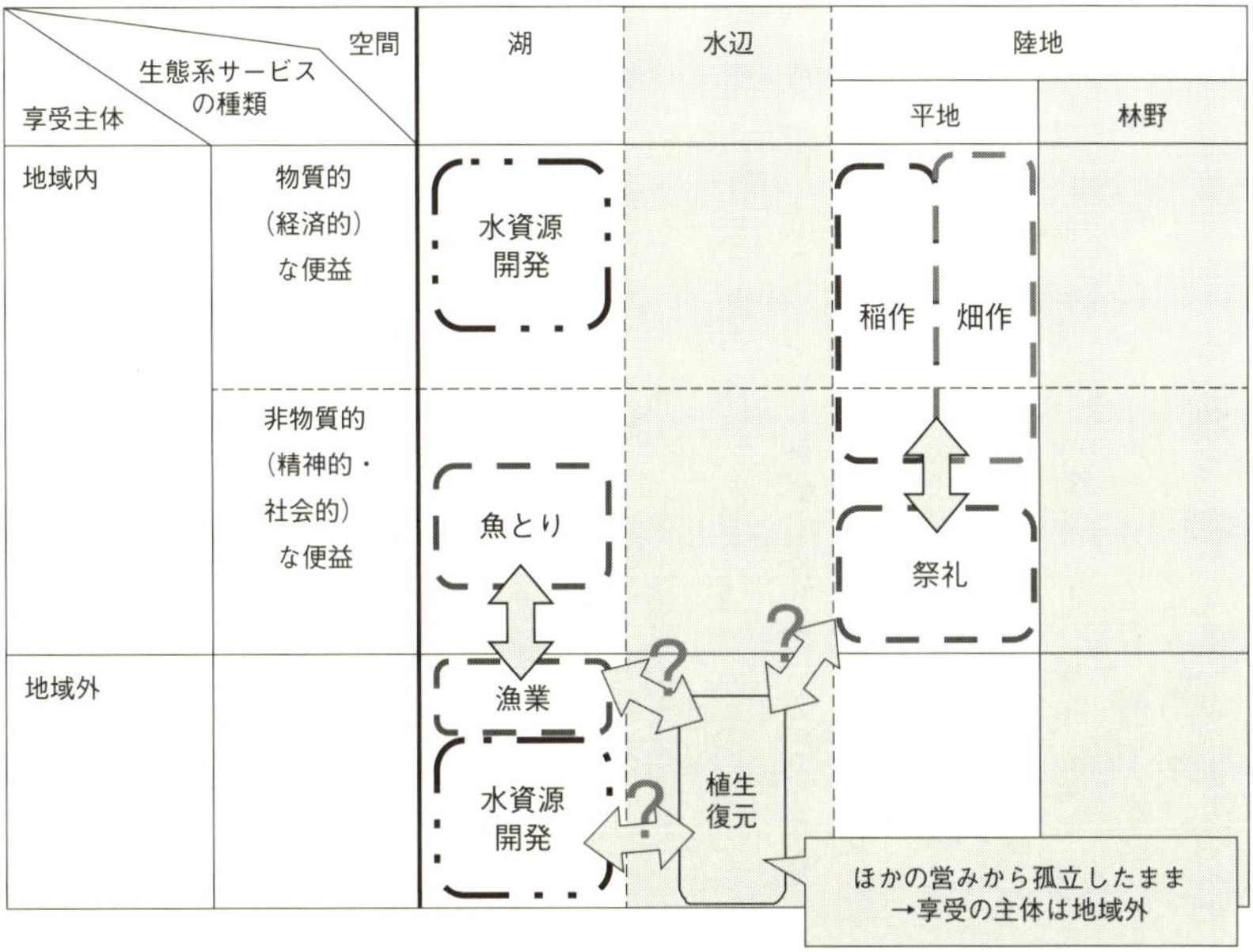


図2-16 「植生の復元」の限界

こうした取り組みは、「生物多様性の保全」を掲げた保全生態学的な知見（科学知）を基盤としており、こうした取り組みを行っていけば「生物多様性の保全」を達成し、自然再生事業は成功するように見える。しかし、この地域の生態系サービスの享受の変化から見えてくるのは、水辺が人びとの日常の営みにおける複合的な変化と、享受される生態系サービスの変化によって、構造的に、そして半ば必然的に水辺が崩壊してきた過程である。このことをふまえると、現在の関川地区の自然再生事業において、植生帯復元地区の生態学的な復元（自然環境としての復元）が成功したとしても、それだけでは、「水辺」という空間は他の営みとの関係性を持たない孤立したまま放置されることになる。結局、日常の営みによる生態系サービスの享受の場としての意味を水辺が失ったという水辺の崩壊の根本的な問題は解決されていない。また、いくらそれが生物多様性の保全に意味があると科学的に証明されようとも、それによって得られる精神的な充足などの非物質的なサービスは、地域内の人びとに享受されることがほとんどない（図2-16）。生態学的な復元が成功し、「生物多様性の保全」によってグローバルな価値が達成されたとしても、そのことで精神的な充足を含めた生態系サービスを享受するのは地域外にいる専門家や自然愛好家にとどまっていないだろうか。それは、水辺の近くにいるはずの人びとが生態系サービスの分配（distribution）から排除されて、場合によっては鳥獣害などのリスクだけを引き受けさせられることにもつながりかねない。次章でくわしく論じるが、事業の構造的な問題によって生態系サービスの分配から排除され、環境リスクだけを引き受けさせられる人がいるのだとすれば、そのような事業は社会的公正からして問題といえるだろう。結局のところ、この地域に生きる人びとにとっては、自然再生事業であっても生態系サービスの享受の主体が、地域内から地域外のより広域の人びとへと移行するだけで終わるならば、ローカルな生態系サービスである魚などの漁獲と引き換えにしながら、よりグローバルな生態系サービスである大消費地への水供給のために推し進められてきた水資源開発と同じなのである。

地元住民から「堤防に四億をかけて、復元工事で七億。無駄というんだよな」[*167]と、堤防と復元工事を同列に置いた辛辣な意見が出るのも、そうした背景をふまえると理解できる。いずれにせよ、植生復元がこの地域の営みとの接点を持たず、水辺が生態系サービスの享受の場として位置づけられなければ、水辺という自然環境からもたらされる生態系サービスはこの地域の人びとの手から遠ざかっていくだけである。

これは、自然環境だけを対象にした事業をトップダウンで続けても、その地域社会から社会的に承認を受けられず、正統性（legitimacy）を持つことができないことを意味している。自然環境の復元の取り組みが、人びとの日常の営みになんら接点を持つことがないのならば、地域社会が内発的にその意義を認め、湖で事業を行っていくことを社会的に承認したり、それに参画したりする可能性はきわめて低い。

また、こうした地域社会からの承認（正統性）が得られないまま事業を進めていくことは、「生物多様性の保全」の観点からしても、決して持続的ではないことを指摘しておこう。地域社会からの承認がなければ自然の復元はより広域の政府の施策・予算や専門家などの外的な要因に頼らざるをえなくなる。しかし、政府によってもたらされる予算は、その時々の政治的な判断によって変わってしまう。とくに近年のように財政が厳しくなればなるほど、変化はドラスティックに発生する。この一連の自然再生事業では、関川地区（事業名は石川地区）だけで八億三〇〇〇万円、霞ヶ浦一一ヶ所の総額で三四億円もの工事費が投入されているが、これほど大規模な事業が一度に行われることは、政府の財政が厳しくなっている現代にあってはおそらく稀であるし、そうした特定の地域への復元への大規模な予算投入が、地域社会を超えた広域の人びとの承認（正統性）を得るには限界があると考えざるをえない。そして、水辺やヤマが崩壊へと導かれていった社会的な構造が温存されている以上、行政や専門家などの後ろ盾が弱まってしまえば、再び水辺の崩壊という轍を踏まない保証はまったくない。ここに、自然環境の操作にのみ注目する復元の限界があるといえるだろう。

## 7 水辺と子どもたちの間の障壁

このような復元の限界は、どのように超えていくべきなのだろうか。

霞ヶ浦では、自然環境だけでなく、人間や社会をネットワーク化することで営みの現状を変え、この問題を克服していくことが構想されている（飯島 二〇〇三）。たとえば、関川地区において湖岸植生帯の復元工事と連動

写真２－４　自然再生事業地での環境教育

するかたちで、環境教育としてビオトープ設置や水生植物の植付け、出前授業、昔の霞ヶ浦についての聞き取り調査が行われている。こうした活動は、将来を担う地域の子どもたちとともに湖の関係を現状から変えていこうとしている。

しかし、環境教育に関する努力がどのようにネットワーク化を実現し、生態系サービスの享受の姿をどれだけ変化させるかは、さらに検証が必要である。関川地区の事例では、湖岸の植生復元のための作業は、環境教育の一環として授業時間を使い地元の小学生も参加して行われている。具体的には、生物多様性や生態系についての知識の伝達と平行して、水辺における直接的な身体的経験を持ったことがない今の子どもたちが、水草の植付けなどを通じて水辺に触れるきっかけ作りが行われている。この取り組みは、水辺に直接触れることで、自然再生事業に彼ら自身がかかわり子どもたちにその水辺への思い入れを持たせることによって地域の営みを子どもたちの活動から変えていこうとしている。*168

現に、地元小学校の教員によれば、こうした体験によって、それまでトンボという一般名でしか見ていなかった「トンボ」が、「アオモンイトトンボ」というような個別の名前に変わったという。また、当初子どもたちは霞ヶ浦の水質汚濁は、釣り人などによる「外から持ち込まれた」ゴミの投棄[*169]が「汚れ」になっているものだと思っていたが、実際に見たり聞いたりしていくことで、汚れは外から持ち込まれたゴミによるものではないことが解ったなど、子どもたちが多くの発見を得ていくことを教員も実感している。[*170]そうした点からいえば、環境教育は、これまでまったく接点がなかった子どもたちと水辺を新たにネットワーク化し、将来的に新たに水辺からの生態系サービスを得ていくような営みを作り出す可能性を持っている。

しかし、こうした授業のなかで展開する環境教育は、子どもたちにとってはあくまで非日常的な空間の出来事である。教室や授業時間を離れると、水辺や湖が彼／彼女らにとっての日常の世界と接点を持ち、そこから生態系サービスの享受を行う機会はほとんどない。それは、子どもが「家でゲームに熱中しているから」[*171]だけではない。大人が勤めに出ていて昼間に目が行き届かないなどの安全上の理由から子どもたちの行動範囲は学校によって「家の敷地内」「集落内」などと学年別に規定されている。[*172]そして、学校としては危険なので霞ヶ浦の湖岸に行くことも禁止[*173]しているのである。[*174]

また、子どもの数が少なくなったこと自体の影響もある。学年によっては数人しかいない同級生[*175]は、放課後、家に帰ってしまうと広い学区域に散在することになるので、友達と気軽に遊びに行けるような状況にはない。放課後、遊びに行くときには親の送り迎えが必要になってしまい、それも両親が勤めに出ていて家にいない場合は期待できない。[*176]また、家が農業を営んでいても機械化が進んだ今では、かつてのように生活のなかで湖や水辺とかかわるような機会はない。

さらに、霞ヶ浦のイメージの悪さという問題もある。一九七〇～八〇年代にアオコが発生したり（以降の時代では極端なアオコの発生はない）、水質が長年にわたって悪いままの霞ヶ浦の「汚い」というイメージは強烈である。学校の教員も環境教育の授業で霞ヶ浦の水辺に子どもを連れて行き、実際に湖に足を入れて植物を観察したり魚を捕ったりしているものの、「自分自身、本当に子どもたちを霞ヶ浦の水のなかに入れていいのかどうかわからない」と悩むこともあるという。[*177] そして、無機質なコンクリート護岸がえんえんと続き、そこに風で波が「カパーリ、カパーリ」と打ちつける様子は、地元の住民でさえも恐怖を感じることがあるという。[*178] それだけ、霞ヶ浦の水辺には近寄りがたい雰囲気が漂っている。

つまり、日常の世界における子どもたちと水辺の間には、社会的にも精神的にも乗り越え難い障壁が存在しているのである。この障壁は、いくら「生物多様性の保全」に関する知識そのものが行き渡ったとしても解消する性質のものではない。このままでは、きっかけがいくら与えられたとしても、彼／彼女たちの日常の営みと湖が接点を持つことができないのである。ここに知識を伝達するだけの環境教育の限界がある。むしろ、ここで科学的知識の伝達を単純に加速させても、知識の非対称を、「教える／教えられる」という別の非対称へと転化させてしまう。

さらに、この障壁を生んだ状況をよく見ていくと、子どもたちと水辺の接点の問題だけではないことがわかる。実は、この状況下で問題とされるのは子どもたちにとっての水辺の自然体験だけではない。むしろ、かつては当たり前と思われるような身体的経験や社会的経験のすべてであるといっても過言ではない。

たとえば、学校における生活科の内容は象徴的である。「草花での遊び方」や「生き物の飼い方」といった自然体験だけでなく、「バスの乗り方」「家の手伝いのしかた」などという基本的な社会生活や家庭生活にかかわることまで含まれている。これらの経験は、あえて授業でやらなくても、学校外の日常的な営みのなかで得られても不思議ではない（むしろそれが自然だと思われるような）ものであるが、現状ではあえて授業として行わざるをえないという。[*179] つまり、自然体験だけではなくかつての日常の営みそのものが経験されにくいのである。生活科の内容は、こうした経験不足を背景にして行われている。

しかし、生活科の授業は、あくまで非日常的な空間であるという限界を持っている。このことは小学校の現場でも自覚されている。たとえば、ある教員は「日常、四六時中やっていることを、それを授業で肩代わりすることは難しい」と話している。[*180] 電車の切符の買い方や、バスの乗り方、家でのお手伝いのしかたなど、生活などで積み重ねている「はず」のことを、「あえて何でやるの？」と思うこともあるという。[*181]

おそらくこれも先に水辺との関係で指摘したように、必ずしも子どもやその保護者の怠慢によるわけではない。その背景には少子高齢化や生業のあり方などの要因が横たわっているのである。

たとえば「家の手伝い」といっても、昔の農作業では、苗を運んだり弁当を運んだりと子どもが手伝える仕事はあった。[*182] しかし、今では機械化によって、こうした農作業の場に子どもたちの出る幕はなくなってしまった。その意味で、子どもは手伝いをしなくなったのではなく、その必要がなくなってしまったために、そもそも手伝いができないのである。これは、子どもが生業という日常の基本的な営みに触れる機会がほとんどないことを意味している。農家の割合が減ったとはいえ、世帯の六割が農家である関川地区（『二〇〇〇年世界農林業センサス』より）で、小学校でわざわざ「稲作体験」をしていることは、[*183] 象徴的である。子どもたちは農業という営みのすぐ近くで生きているのに、彼らと農業の関係は切れてしまっているのである。

つまり、日常の世界において子どもたちと水辺を遮っている障壁は、単純に自然環境についての問題によって生じているわけではない。むしろ、少子高齢化や生業である農業の変化といった、地域社会の変化、歴史的な文脈のなかで構築されてきたものである。それゆえに、非日常の世界で行われる環境教育だけでは、こうした日常の世界の障壁を乗り越えていくことは難しい。

## *8* 人と自然のかかわりの〈再生〉

関川地区の現状を考えると、自然環境の復元としての自然再生事業では、障壁を乗り越え、問題の根本的な解決にいたるのは困難だと考えられる。自然再生事業の実際の目標があくまで保全生態学的な自然環境の復元で終わるかぎり、人びとの生活も生態学的な機能からしか評価されず、社会への働きかけも「生態学的な知識」の伝達などの非日常的な取り組みにならざるをえない。そのような自然環境の復元としての自然再生事業は、日常の世界から暗黙のうちに乖離してしまうのである。

これは、過去の状態に戻す復元（restoration）という発想の限界である。生態系サービスの享受をめぐる社会的な要因にまで踏み込んだとき、明らかに過去の復元には無理がある。それは、単に過去の社会が必ずしも「生物多様性の保全」に親和的とは限らないという問題ではない。関川地区での生態系サービスの享受の変遷で明らかにしてきたように、そもそもローカルなものだけでなく、グローバルなレベルでの社会的な価値観や生活が変化し、それなりに歴史的な文脈をつむいできたなかで、すべて逆行させて過去の状態に復元することは根本的に不可能という問題である。

すでに指摘したように子どもたちと水辺の間にある障壁も、生態系サービスの享受が変化するなかで、結果的に発生してきたことがわかる。これを過去に戻すという発想で乗り越えることはできない。むしろ、社会的に過去を復元し、特定の人びとに対してそこで生きるように強いるのは、今現在を生きる人びとから乖離した「社会」を押し付け、新たな抑圧の構造を作り出してしまう（岩井 二〇〇一、三浦 一九九五）。

もっとも、関川地区の取り組みも、環境教育などを通じて子どもたちに水辺との接点を作り、過去にはそんな発想すらなく顧みられることがなかった「生物多様性の保全」への足がかりを築こうとしている点で、現代的な水辺との「かかわり」の新しいかたちを模索しようとしていることには間違いない。重要なのは、この現代的な新しい「人と自然のかかわり」を求めていくこと、より具体的にいえば地域社会が主体となるような新たな生態系サービスの享受のかたちを作り出すことである。つまり、自然再生で再生すべきものは「生物多様性」を損ない生態系サービスの享受が危ぶまれている「人と自然のかかわり」であり、新しい生態系サービスの享受を生成していくことが、「人と自然のかかわり」を〈再生〉していくことになるだろう。

それは必ずしも「生物多様性の保全」などの生態学的知見から語り始める必要はない。むしろ、関川地区の事例を見ても、水辺を崩壊へと導いたのは人の営みの変化によって水辺が生態系サービスの享受の場でなくなったことである。確かに、水辺という空間そのものを物理的に破壊した原因は「土地改良の実施」などの個別の出来事に求めることができる。しかし、その土地改良もまた、農業を生業として営むなかで、その効率化・機械化を進めた延長線上にあるものに過ぎない。その意味で、水辺は、誰かが明確なかたちで「水辺を破壊すること」を意図したがために崩壊したのではなく、生態系サービスの享受が変化していくなかで崩壊してしまったのである。

したがって、自然再生事業もまた、「人と自然のかかわり」を〈再生〉するために、生態系サービスの享受の

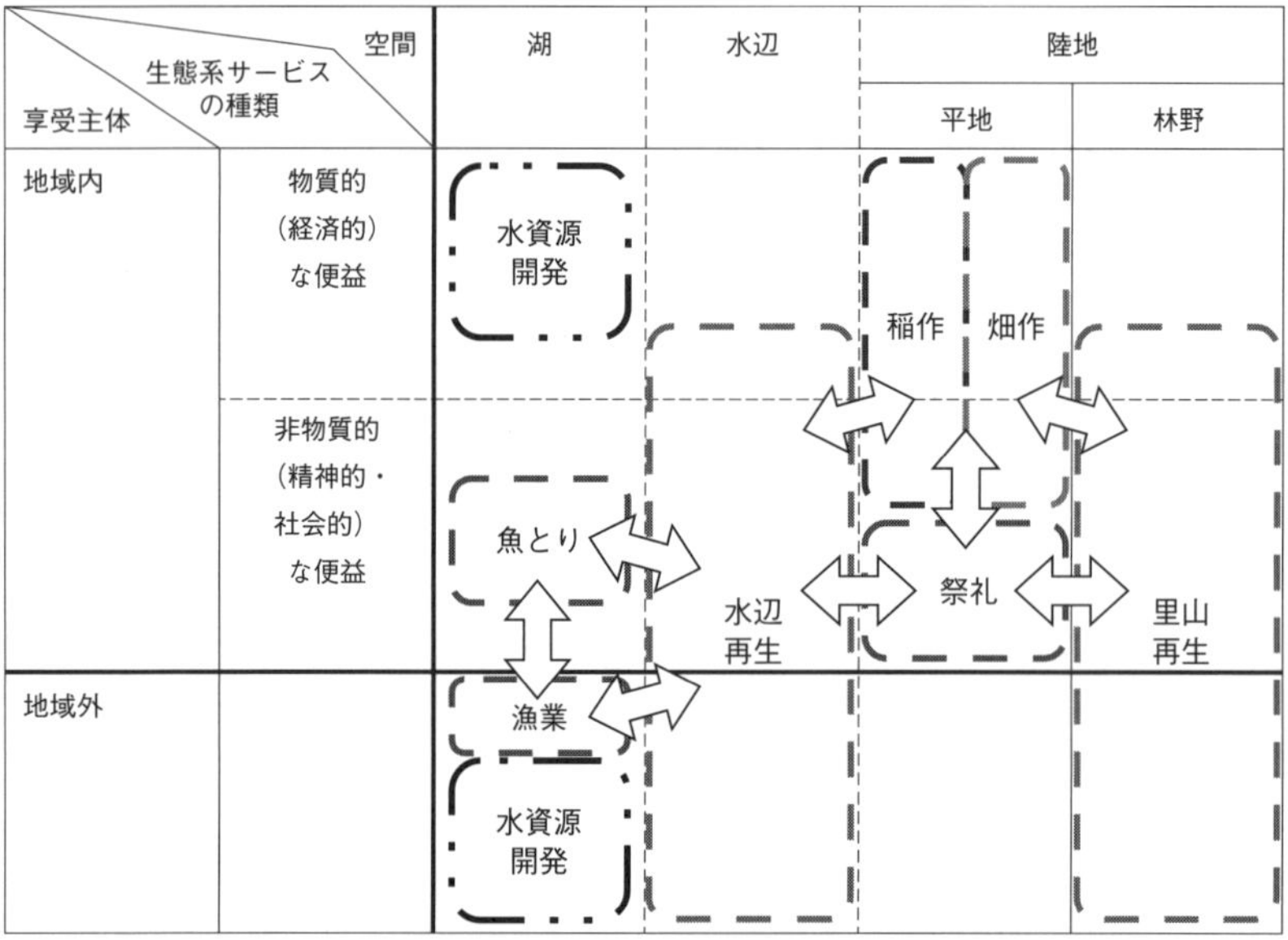


図2-17　〈再生〉による新たな生態系サービスの可能性

あり方を再考するところから始めるべきだろう。たとえば、湖岸の水辺のみに注目するのではなく、もともと人の営みの色が濃く、子どもたちの遊び場にもなってきた水田やその水路といった場における農業、魚とり、遊び、祭礼などの営みを通じた生態系サービスの享受を考えることから、「人と自然のかかわり」のあり方を考え、〈再生〉を構想することも十分可能なはずである。当然のことながら、地域社会は、直接的な生態系サービスの享受の主体として不可欠な存在となる。

この〈再生〉は、多様な生態系サービスについて新しいあり方を見出していくことでもある（図2-17）。つまり、自然再生によってどんな生態系サービスを誰がどのように享受するのかということを含めて、社会も自然も変化していく必要がある。

しかし、それはどのようなプロセスによって達成されるのだろうか。次章からは、そのことを別の事例から検討していく。また、それがこの関川地区において求められる自然〈再生〉プロセスにとってのヒントになるだろう。

**注**

＊1　自然再生推進法の国会審議でも直接取り上げられている。たとえば、第一五五国会衆議院環境委員会四号（平成一四年一一月一五日）など。

＊2　本書ではとくに断りがない限り「霞ヶ浦」は、この範囲を指すこととする。

＊3　正式名称は「常陸川水門」だが、霞ヶ浦周辺では「逆水門」と通称される。

＊4　しかし、塩害は竣工後も発生し続け、一九七四年には逆水門の完全閉鎖（正確には潮汐や増水による下流からの流入を完全に止めるように水門を操作すること）が決定する。これにより、霞ヶ浦は決定的に淡水化することになる。

＊5　常陸川水門そのものが霞ヶ浦の環境問題にどれだけ「貢献」しているのかは評価が分かれている（霞ヶ浦研究会　一九九四）。竣工当時は高度経済成長期であり、鹿島臨海工業地帯やその他工業団地の造成、漁業の機械化、水道の普及や都市開発などが行われた時期だった。加えて、一九七五年ごろまでは流域の下水道普及率は皆無に等しかった。ただし、水門の存在がその後の霞ヶ浦総合開発事業の前提となり、生態系改変の嚆矢となったことは指摘できるだろう。

＊6　一方で、常陸川水門は霞ヶ浦水域を貯水池として利用しようという長年の構想によって促進されていたという指摘もある（大熊　一九八一）。一九三七年の段階ですでに東京市長の諮問機関として水道水源調査委員会が設置されており、『霞ヶ浦ヲ水源トスル東京市第三水道擴張調査書』（年代不明。内容から一九三八～四〇年のものと推定）の内容から、霞ヶ浦案として北利根川と西浦の境目に堰堤を設置する案が実際に検討されていたことがわかる。そして、常陸川水門の着工前年の一九五八年には茨城県知事が「霞ヶ浦・北浦の出口に本格的なダムを作り、両湖を貯水池として利用する総合的調査を始める」と発言している（水資源協会　一九九六：一一一）。また、同時期に鹿島臨海工業開発や利根川河口堰の構想が動き始めており、その設計には竣工後の一九六四年に着工し一九七一年に竣工する利根川河口堰と連動できるように配慮がなされていた（大熊　一九八一）。事実、水門の完成前の一九六二年に鹿島臨海工業地帯の建設が正式発表されている。

少なくともこれらのことから、常陸川水門は、水資源開発との密接な関係のなかで建設されていたと言えるだろう。

＊7　たとえば、佐賀（一九九五）などにはそうした語りが多く記されている。

＊8　淡水性の二枚貝であるカラスガイ（*Cristaria plicata spatiosa*）のこと。霞ヶ浦ではタンカイ（淡貝）と通称される。

＊9　いわゆる「川エビ」のこと。漁獲されているのはほとんどがテナガエビ（*Macrobrachium nipponense*）である。

＊10　ヌマチチブ（*Tridentiger kuroiwae brevispinis*）などの小型のハゼ類の総称。霞ヶ浦では「ゴロ」と通称されている。

＊11　二〜三ｔの漁船に高さ八・五ｍの帆を揚げ、風を受けて横に進みながら、船の側面に取り付けられた網を曳く漁法。一八八五年ごろにシラウオの漁獲を目的に創始されたといわれ、一八八九年ごろにワカサギ用にも改造された。この帆曳き網の操業は風力に依存するため、風のないときは操業できなくなる。一日の平均漁獲漁は三〇〜四〇kg、好漁ならば二〇〇〜三〇〇kg漁獲があったといわれる。当初は規模も小さかったが、さまざまな改良がなされて霞ヶ浦に広く普及した（加瀬林・中野 一九六一）。

＊12　浚渫は水中に窒素やリンを溶出させる底泥を除去しようというもので、これによって溶出の速度が四分の一になるとされている。しかし、浚渫をしても新たな堆積物が積もり、一〇年後には再び五〜七センチの底泥表面が新たに形成されてしまうことから、その効果は限定的であるとする意見もある（霞ヶ浦研究会 一九九四a：一一四―一一九）。

＊13　これらの市民運動とその変遷に関しての分析は、浅野（二〇〇八）がくわしい。

＊14　二〇〇六年六月六日、ケイイチさん（一九四〇年生）からの聞き取り。ケイイチさんは漁業者として環境保全活動にも携わってきた。

＊15　この「検討会」については、『常陽新聞』二〇〇〇年一〇月二三日版一面にその設立までの経緯がくわしく報道されている。また、「検討会」の開催履歴などは国土交通省霞ヶ浦河川事務所のウェブサイトから確認できる。

＊16　たとえば、第一五五国会参議院環境委員会五号（平成一四年一一月〇三日）など。

＊17　「町村規模適正化研究会」には、旧出島村となる六村（下大津・美並・牛渡・佐賀・安飾・志土庫）のほかに、関川村、三村、上大津村（次章において事例とする沖宿地区を含む）が参加していた。しかし、関川村と三村は石岡市に、上大津村は土浦市に編入される意向を示し、合併の議論から離脱したのだという（出島村史編さん委員会 一九八九）。

＊18　このことは、一八九七（明治三〇）年の『茨城県町村沿革誌』で、一八九九（明治二二）年の市町村制施行にあたり、関川地区を独立した自治体（旧関川村）とした理由について、「三村（引用者注：現在の石岡市三村地区。府中藩領だった）ニ隣リ其距離稍近シト雖モ旧藩時代ニ於テ各々領地ヲ異ニシ人情風俗渾テ異ニス随テ住民ノ交際モ亦親密ナラス」（石岡市史編さん委員会 一九八五：九七三）とあることからもわかる。

＊19　第一種兼業農家は農業所得が主、第二種兼業農家は農業所得が従のものをさす。

＊20　高度経済成長期は、一般的に一九五五～七三年の間とされている。統計調査や聞き取りなどの結果を見ると、この関川地区では昭和三〇年代（一九五五～六四年）ごろから生業などが変化していることがわかる。

＊21　二〇〇三年五月一六日、イチロウさんからの聞き取り。イチロウさんは一九二三年生。代々関川地区に住む農家。

＊22　二〇〇三年四月二七日、ノリオさんからの聞き取り。ノリオさんは、この数年、趣味的ではあるが本格的に魚を捕り出した。

＊23　二〇〇三年五月九日、シゲヨシさんからの聞き取り。シゲヨシさんは一九四一年生。昔から魚とりが好きで、今でも船を出している。

＊24　二〇〇三年四月二八日、タミオさんからの聞き取り。タミオさんは一九三五年生。長らく専業農家として営農してきた。

＊25　二〇〇三年五月二四日、シゲヨシさんからの聞き取り。

＊26　二〇〇三年八月六日、ヨシロウさんからの聞き取り。ヨシロウさんは一九三三年生。農家で、先代は低湿地の耕地をよく使っていた。

＊27　二〇〇三年五月二四日、シゲヨシさんからの聞き取り。

＊28　霞ヶ浦でも他の地域ではモクとりの組合があったという。

＊29　二〇〇三年九月九日、カズヒロさんからの聞き取り。一九三一年生。

＊30　二〇〇三年五月二四日、シゲヨシさんからの聞き取り。

＊31　二〇〇三年九月二五日、アキオさんからの聞き取り。一九四〇年生。

＊32　二〇〇三年五月九日、シゲヨシさんからの聞き取り。

＊33 カムルチー（*Channa argus*）のこと。現地ではカムチンとも呼ばれ、昭和初期に朝鮮から移入されたと考えられている。
＊34 ニゴイ（*Hemibarbus barbus*）のこと。小骨が多いものの、かつては美味な魚とされた。
＊35 霞ヶ浦へは一九一八（大正七）年に琵琶湖から二五〇尾が移入された。
＊36 二〇〇三年九月一八日、シゲヨシさんからの聞き取り。
＊37 二〇〇三年九月一八日、シゲヨシさんからの聞き取り。
＊38 二〇〇三年九月一八日、シゲヨシさんからの聞き取り。
＊39 アズマネザサ（*Pleioblastus chino*）のこと。東日本の平地・低山に普通に生えるササだが、「雑木林」が放置されると林床に跋扈し、他の生き物が入り込めないほどの密生した藪を形成してしまうことが多い。
＊40 アメリカザリガニ（*Cambarus clarkia*）のこと。昭和初期にアメリカから移入された。
＊41 二〇〇三年九月二四日、ケンイチさんからの聞き取り。ケンイチさんは一九二八年生で、家が低湿地にも耕地を持っていた。
＊42 二〇〇三年四月一八日、ヒロシさんからの聞き取り。一九二三年生。
＊43 二〇〇三年九月二五日、アキオさんからの聞き取り。
＊44 二〇〇三年一一月一九日、シゲヨシさんからの聞き取り。
＊45 二〇〇三年一一月一九日、シゲヨシさんからの聞き取り。
＊46 二〇〇三年九月一〇日、カズヒロさんからの聞き取り。
＊47 霞ヶ浦における漁具としては一般的で、ツトムさんは、県立博物館でその製作の実演を頼まれることもある（二〇〇三年四月二七日の聞き取り）。
＊48 二〇〇三年一一月一九日、シゲヨシさんからの聞き取り。
＊49 二〇〇三年九月一〇日、二〇〇三年一一月二〇日、カズヒロさんからの聞き取り。
＊50 二〇〇三年九月一八日、シゲヨシさんからの聞き取り。
＊51 二〇〇三年四月一八日、ヒロシさんからの聞き取り。

＊52　二〇〇三年五月二四日、シゲヨシさんからの聞き取り。
＊53　このことは、漁をやった経験のある人から異口同音に語られる（たとえば、ツトムさん二〇〇三年四月二七日や、ケンイチさん二〇〇三年九月二四日など）。現在、関川地区にはこうした魚を買い付ける問屋はないが、実際に、別の地域では問屋が特定の漁師と関係を持ち、取引をしているのを筆者が観察したり、問屋自身からもそうした聞き取りを得たりしている。
＊54　米の政府買入価格を見ると、一九五三〜六〇年の間、四〇〇〇〜四三〇〇円で安定的に推移し、その後上昇に転じるため、「一俵が四〇〇〇円ぐらいの時代」とは、この時期のことだと考えられる。
＊55　二〇〇三年五月一九日、ツトムさんからの聞き取り。
＊56　二〇〇三年一一月一九日、シゲヨシさんからの聞き取り。
＊57　二〇〇三年四月一八日、ヒロシさんからの聞き取り。二〇〇三年九月一〇日、カズヒロさんからの聞き取り。
＊58　二〇〇三年九月一八日、シゲヨシさんからの聞き取り。
＊59　二〇〇三年四月二八日、タミオさんからの聞き取り。
＊60　一七〇三（元禄一六）年の『三村高浜入絵図』には恋瀬川河口付近に広がる湿地のほとんどが「田」と表記されている（石岡市文化財関係資料編さん会 一九九六）ほか、同年八月の『三村高浜入海訴訟之事』にはこの湿地（洲）の境界線をめぐり「三村より稲植仕付申候……」との件があり（石岡市史編さん委員会 一九八三a）、少なくともこの時代には低湿地が農地として利用されていたことがわかる。
＊61　二〇〇三年九月一〇日、シゲヨシさんからの聞き取り。
＊62　二〇〇三年九月二四日、ケンイチさんからの聞き取り。
＊63　二〇〇三年八月六日、ヨシロウさんからの聞き取り。
＊64　その点では牛久沼などでも耕作されていたウキタ（菅 一九九四）とも類似している。
＊65　二〇〇三年九月二四日、ケンイチさんからの聞き取り。
＊66　二〇〇三年一一月二〇日のカズヒロさんからの聞き取りや、二〇〇三年九月一八日のシゲヨシさんからの聞き取り。い

ずれにせよ、登記され権利書があったのだという。

＊67　二〇〇三年九月二四日、ケンイチさんからの聞き取り。

＊68　二〇〇三年九月二四日のケンイチさんからの聞き取りのほか、二〇〇三年八月六日にヨシロウさんや、二〇〇三年九月一〇日にカズヒロさんからも同様の聞き取り結果が得られた。土地の権利を持っていた家でも、実際に耕作していた人はおらず、故人となった先代、先々代が耕作していたという話のみが得られた。

＊69　二〇〇三年九月一〇日、カズヒロさんからの聞き取り。

＊70　二〇〇三年九月一八日、シゲヨシさんからの聞き取り。

＊71　二〇〇三年一一月二〇日、カズヒロさんからの聞き取り。

＊72　同じ霞ヶ浦でも、潮来などの大規模な低湿地帯では、底泥を積み上げて作った櫛状の農地が多くあった。

＊73　二〇〇三年九月一八日、シゲヨシさんからの聞き取り。

＊74　二〇〇三年一一月二〇日、カズヒロさんからの聞き取り。

＊75　二〇〇三年九月一八日、シゲヨシさんからの聞き取り。

＊76　二〇〇三年一一月二〇日、カズヒロさんからの聞き取り。

＊77　カイツブリ（*Podiceps ruficollis*）のこと。

＊78　二〇〇三年四月二八日のタミオさんからの聞き取りや、二〇〇三年八月六日のヨシロウさんからの聞き取り。

＊79　二〇〇三年九月一〇日、カズヒロさんからの聞き取り。

＊80　二〇〇三年九月一〇日、カズヒロさんからの聞き取り。

＊81　二〇〇三年四月二八日、タミオさんからの聞き取り。

＊82　二〇〇三年五月二四日、シゲヨシさんからの聞き取り。

＊83　二〇〇三年八月六日、ヨシロウさんからの聞き取り。

＊84　二〇〇三年五月二四日、シゲヨシさんからの聞き取り。

＊85　二〇〇三年九月一〇日、カズヒロさんからの聞き取り。

＊86　二〇〇三年一一月二〇日、カズヒロさんからの聞き取り。
＊87　二〇〇三年一一月二〇日、カズヒロさんからの聞き取り。
＊88　『農村物価賃金調査』によれば、一九五五（昭和三〇）年の農業労働賃金の全国平均は男が三〇一円、女が二三九円である。
＊89　二〇〇三年五月二四日、シゲヨシさんからの聞き取り。
＊90　二〇〇三年五月一六日、イチロウさんからの聞き取り。
＊91　『茨城県　臨時農業センサス』によれば、一九四七年の旧関川村の牛馬頭数は、牛一六三頭、馬四五頭である。また、渡邊（一九八七）で紹介されている旧関川村の統計資料によれば、一九五一年の旧関川村の家畜頭数は役肉用牛が一九八頭、役肉用馬が四四頭、その他、緬羊五頭、山羊五〇頭、豚一九〇頭、アンゴラウサギ二〇頭、鶏三六〇〇羽、アヒル三〇羽、七面鳥一七羽である。
＊92　二〇〇三年八月六日、ヨシロウさんからの聞き取り。
＊93　二〇〇三年五月二四日、シゲヨシさんからの聞き取り。
＊94　二〇〇三年五月一六日、イチロウさんからの聞き取り。
＊95　二〇〇三年九月九日、イチロウさんからの聞き取り。
＊96　二〇〇三年五月二四日、シゲヨシさんからの聞き取り。
＊97　二〇〇三年五月二四日、シゲヨシさんからの聞き取り。
＊98　二〇〇三年八月六日、ヨシロウさんからの聞き取り。
＊99　二〇〇三年八月六日、ヨシロウさんからの聞き取り。
＊100　二〇〇三年九月一八日、シゲヨシさんからの聞き取り。
＊101　二〇〇三年九月二四日、ケンイチさんからの聞き取り。
＊102　二〇〇三年八月六日、ヨシロウさんからの聞き取り。
＊103　二〇〇三年九月一八日、シゲヨシさんからの聞き取り。

＊104　二〇〇三年九月九日、イチロウさんからの聞き取り。
＊105　二〇〇三年五月一六日、イチロウさんからの聞き取り。
＊106　二〇〇三年八月六日、ヨシロウさんからの聞き取り。
＊107　二〇〇三年五月九日、イチロウさんからの聞き取り。
＊108　二〇〇三年九月九日、イチロウさんからの聞き取り。
＊109　二〇〇三年五月九日、イチロウさんからの聞き取り。
＊110　二〇〇三年九月一八日、シゲヨシさんからの聞き取り。
＊111　二〇〇三年五月二四日のシゲヨシさんからの聞き取りや、二〇〇三年八月六日のヨシロウさんからの聞き取り。
＊112　『農林省統計表』によれば、一九五五年の茨城県の水稲の一反あたり収穫量は二・四九一石である。これを「俵」（四斗）に換算すると六・二二七五俵に相当する。
＊113　二〇〇三年五月二四日、シゲヨシさんからの聞き取り。
＊114　二〇〇三年九月一八日、シゲヨシさんからの聞き取り。
＊115　二〇〇三年五月二四日、シゲヨシさんからの聞き取り。
＊116　二〇〇三年四月二八日のタミオさんからの聞き取りや、二〇〇三年八月六日のタクミさんからの聞き取り。タクミさんは、地元農協の職員。
＊117　二〇〇三年五月二四日、シゲヨシさんからの聞き取り。
＊118　二〇〇三年四月二八日、タミオさんからの聞き取り。
＊119　二〇〇三年四月二八日、タミオさんからの聞き取り。
＊120　二〇〇三年五月一八日、アキオさんからの聞き取り。
＊121　二〇〇三年一一月一九日、ナオマサさんからの聞き取り。
＊122　二〇〇三年八月六日、ヨシロウさんからの聞き取りなど。井戸や湧き水を稲作に使っていた話は、ほかにも多くの人から聞くことができた。

＊123　二〇〇三年九月二四日、ケンイチさんからの聞き取り。
＊124　二〇〇三年九月二四日、ケンイチさんからの聞き取り。
＊125　二〇〇三年一一月一九日、ナオマサさんからの聞き取り。
＊126　二〇〇三年九月九日、イチロウさんからの聞き取り。
＊127　二〇〇三年八月六日、ヨシロウさんからの聞き取り。
＊128　二〇〇三年九月二四日、ケンイチさんからの聞き取り。
＊129　霞ヶ浦周辺では引揚者対策や食糧増産を目的とした緊急開拓事業（石井 一九八〇）が行われたり、山林解放を恐れた地主が、慣行的な耕作権を設定するために、山林を切り開いて栗園を経営したり（大八木・石井 一九八〇）した例がある。
＊130　農地の所有関係については、石岡市史編さん委員会（一九八五）によると、茨城県では明治期には小作率がきわめて低水準にあったものの、戦後の農地解放まで一貫して増加を続けた。関川地区では、太平洋戦争中に若干小作率は減少するものの、半数以上の農家は小作農であり、在村の中小地主の優位という特徴が顕著だった。そのため、多くの農家が小作料を地主に収めていた。聞き取りによれば、小作料は一反あたり三俵で、これは当時の収穫量の五～六割に相当するという。
＊131　二〇〇三年四月二八日、タミオさんからの聞き取り。
＊132　二〇〇三年四月一八日、ヒロシさんからの聞き取り。
＊133　二〇〇三年一一月二〇日、カズヒロさんからの聞き取り。
＊134　二〇〇三年五月二四日、シゲヨシさんからの聞き取り
＊135　二〇〇三年九月二四日、ケンイチさんからの聞き取り。
＊136　二〇〇三年四月二八日、タミオさんからの聞き取り。
＊137　二〇〇三年四月二八日、タミオさんからの聞き取り。
＊138　二〇〇三年一一月一九日、ナオマサさんからの聞き取り。
＊139　二〇〇三年五月二四日、シゲヨシさんからの聞き取り。

＊140 二〇〇三年五月二四日、シゲヨシさんからの聞き取り。
＊141 二〇〇三年九月九日、イチロウさんからの聞き取り。
＊142 二〇〇三年五月二四日、シゲヨシさんからの聞き取り。
＊143 二〇〇三年四月二八日、タミオさんからの聞き取り。
＊144 二〇〇三年五月一六日、イチロウさんからの聞き取り。
＊145 たとえば、イチロウさんの家では、二〇歳のころに切り出したというマツの太い梁がある。
＊146 二〇〇三年五月一八日、アキオさんからの聞き取り。
＊147 二〇〇三年五月一八日、アキオさんからの聞き取り。
＊148 二〇〇三年九月一八日、シゲヨシさんからの聞き取り。
＊149 関川地区にあった水神様は水害や水難を避けるという意味があった（五十川・鳥越 二〇〇五）。これは、基盤整備で移設された水神様が、今でも洪水の際に湖へ排水するためのポンプ場の敷地に設置されていることからも伺える。
＊150 二〇〇三年五月二四日、シゲヨシさんからの聞き取り。
＊151 エンドリン、パラチオンともに有機リン系の強力な農薬として知られている。どちらも一九七〇年代には農薬登録が失効し、現在は農薬取締法に基づき販売禁止になっている（平成一五年農林水産省令第一一号　農薬の販売の禁止を定める省令）。
＊152 『人口動態統計』によれば、一九六五年の日本における「農薬用有機リン製剤による中毒」の死者数（自殺を除く）は六三人。うち、一五歳以上の死者数は四九人である。
＊153 二〇〇三年九月一八日、シゲヨシさんからの聞き取り。
＊154 二〇〇三年四月二八日、タミオさんからの聞き取り。
＊155 たとえば、小字の下石川（坂井戸区）には、「ニシ（西）」、「ナカ（仲）」、「フナド（舟戸）」、「ヒガシ（東）」の四つのツボ（坪）があり、今でも定期的に年二回集まり、「坪ごとに集まって、連帯感を強める」という（二〇〇三年五月一八日のアキオさんからの聞き取り）。

＊156 二〇〇三年一一月一九日のシゲヨシさんやナオマサさんからの聞き取り。
＊157 二〇〇三年一一月一九日、シゲヨシさんからの聞き取り。
＊158 二〇〇三年一一月二〇日、カズヒロさんからの聞き取り。
＊159 二〇〇三年一一月二〇日、カズヒロさんからの聞き取り。
＊160 『日本の長期統計系列』から、一九六五年のプロパンガス（ＬＰＧ）年間消費量は一三七・五万ｔであり、当時の日本の総世帯数は二四一〇万三八八七世帯である。また、『農村物価賃金統計』より一九六五年のプロパンガスの平均価格は一kgあたり八三円である。
＊161 『農村物価賃金統計』より。より仕事が軽い「軽作業人夫」でも、男性で東京九八六円、茨城六四一円。女性で東京七一二円、茨城五三七円である。
＊162 たとえば、関川地区にある八木干拓地において、水田の乾田化を行った事業を記念した「県営かんがい排水対策特別事業八木地区竣工記念碑」（関川霞土地改良区　一九八五年）の碑文には、「昭和五十年代に入り、（中略）作物の多様化、省力化協業化等による近代的農業経営を計るための無湛水化が要望され（中略）整備が急務となって来た。（中略）当地域は、本事業の完了により多年に亘る宿願が果され、近代的な農地として新たなる時代を迎えることになった」という記述がある。
＊163 二〇〇三年一一月一九日、シゲヨシさんからの聞き取り。
＊164 二〇〇三年一一月一九日、ナオマサさんからの聞き取り。
＊165 二〇〇三年五月二四日、シゲヨシさんからの聞き取り。
＊166 二〇〇三年九月一〇日、カズヒロさんからの聞き取り。
＊167 二〇〇三年九月二四日、ケンイチさんからの聞き取り。
＊168 二〇〇三年一〇月七日、カナさんからの聞き取り。地元小学校の教員。
＊169 もちろん、霞ヶ浦湖岸においてゴミの投棄がないわけではない。しかし、流域単位での湖の水質悪化（富栄養化）まで、子どもたちがあくまで原因が「外から」のものであり、自分とはまったく無関係であると認識していたことは重要である。

＊170　二〇〇三年一〇月六日、ナオコさんからの聞き取り。地元小学校の教員。

＊171　こうした子どもたちへの意識は、地元住民や小学校の先生ともに多くの人から聞くことができた。たとえば、二〇〇三年一一月二〇日のカズヒロさんや、二〇〇三年一〇月六日のA15さんなど。

＊172　二〇〇三年一〇月六日、ショウコさんからの聞き取り。地元小学校の教員。

＊173　こうした事例は、日本各地に見られる（嘉田・遊磨 二〇〇〇）。

＊174　二〇〇三年一〇月六日、ナオコさんからの聞き取り。

＊175　二〇〇三年一一月一九日のナオマサさんからの聞き取りによれば、二〇〇三年度の地元小学校の入学生が五人だったということが話題になっていたらしい。なお、二〇〇七年五月現在の地元小学校の児童数は六二人である。

＊176　二〇〇三年一〇月六日、ショウコさんからの聞き取り。

＊177　二〇〇三年一〇月六日、ショウコさんからの聞き取り。

＊178　二〇〇三年九月二四日、マキさんからの聞き取り。ケンイチさんの配偶者。

＊179　二〇〇三年一〇月六日、ナオコさんからの聞き取り。

＊180　二〇〇三年一〇月七日、カナさんからの聞き取り。

＊181　二〇〇三年一〇月六日、ナオコさんからの聞き取り。

＊182　二〇〇三年九月二五日、アキオさんからの聞き取り。

＊183　二〇〇三年一〇月六日、カナさんからの聞き取り。

# 第3章

# 〈再生〉にむけた公論形成の場の可能性と課題は何か？

## ——霞ヶ浦沖宿地区の事例から

公論形成の場として設けられた自然再生協議会

## 1　日常の世界との結節点としての「公論形成の場」

前章での検討から、自然再生事業が湖岸植生の復元に収斂されることによって、生態系サービスの享受のあり方に対する視点や取り組みを欠落させてしまう問題を指摘した。その結果、復元された植生が現地の生態系サービスの享受の場として位置づけられないまま放置されたり、地域住民が生態系サービスの分配から排除されたりすることで、自然再生事業を行う社会的な正統性が得づらくなっていることが明らかになった。保全生態学的な科学知に忠実な復元であっても、日常の営みを通じた生態系サービスの享受へのまなざしを持てるとは限らない。このことは、事業が行われるまでの過程にも反映されている。

もともと関川地区などの一連の事業は、二〇〇〇年に霞ヶ浦の水位操作をめぐるアサザプロジェクトを推進していたNPOと国土交通省の意見対立の打開策として打ち出されたものだった。かねてからNPO側は、霞ヶ浦の水位操作（とくに冬季の水位上昇）が、湖岸植生帯に与える影響が大きいとして批判してきた（霞ヶ浦・北浦をよくする市民連絡会議 一九九五）。そして土木研究所や東京大学との共同調査の結果、絶滅危惧種のアサザの展葉範囲の総面積が水位操作直前と開始後四年で一〇分の一近くまで減少したことが明らかになり（西廣ほか二〇〇一）、NPOがその科学的な調査結果をもとに水位操作の中止を迫ったのである。[*1]

つまり、関川地区の自然再生事業は、明らかに保全生態学的な科学知による異議申し立てに端を発している。それに対応して事業はあくまで科学知に基づく保全生態学的な事業として構想された。このことは、第二章でも触れた「霞ヶ浦の湖岸植生帯の保全に係る検討会」の構成にも反映されている。筆者による当時の国土交通省の担当者の聞き取り（二〇〇一年一二月二六日）では、検討会メンバーであるNPO代表の位置づけは霞ヶ浦に関心の高い市民団体の代表という説明だったが、検討会の配布資料ではNPO代表は「市民」ではなく、あくまで「学識経験者」という位置づけになっていた。このように検討会のメンバー構成に形式的には「市民」という枠はなかった（河川環境管理財団 二〇〇〇）。つまり、関川地区をはじめとする一連の自然再生事業は、「自然再生」という言葉が一般的になる前にNPOと生態学者、行政の連携によって行われたユニークな事例ではあるが、一方で、「学識経験者」以外の他の人びと、特に地域住民などの霞ヶ浦の生態系サービスを直接的に享受してきた人びとは排除されており日常の営みを通じた生態系サービスの享受の担い手との接点をもっていなかったということができるだろう。

こうしたプロセスや発想において事業が行われたことは、結果的に自然再生事業そのものや、そこで用いられた手法の社会的な正統性を脆弱なものにしてしまった。

その問題を顕在化させたのが、「粗朶消波堤」をめぐる騒動である。もともと「粗朶消波堤」は江戸時代の農書「川除仕様帳」などに記されていた粗朶沈床からヒントを得たものである（鷲谷・飯島 一九九九、佐藤ほか 一九九七）。一一ヶ所の事業地では工区によってさまざまな施工方法が実験的に試されたが、沖に消波堤が設置された工区も複数あった。水辺の植生帯を失い護岸化された現在の霞ヶ浦では、強風によって発生する波浪やその反射による侵食が強い。砂浜などの水辺の環境を維持するためには、少なくとも水辺の植生が十分に広がり波浪による影響が小さくなるまでの間、消破堤が必要だったのである。

この消波堤の材料として霞ヶ浦では一九九七年ごろから粗朶《そだ》が用いられていた。粗朶とは長さ一～数m（国土交通省の規格では直径二五〇㎜、長さ二七〇〇㎜）の木の枝の束である。もともとは、流水による洗掘などを防御する目的で川床などに設置されるもので、少なくとも近世から治水工事に用いられてきた（佐藤ほか 一九九七）。この粗朶を、消波堤の材料として利用したのが粗朶消波堤である。石積みなどの従来の消波施設に比べて透水性を持つために波の打ち返しによる湖底の侵食などの影響が少ないと考えられることや、仮に設置して不都合が生じた場合でも撤去・修正が比較的容易なのが利点とされた。このほか粗朶を流域の森林から供給することによって、それまで利用価値を失い放置され荒廃していた林野に新たな経済価値をもたらし、粗朶をとることで林野の管理を兼ねることができるようになったことも、流域単位の生物多様性の保全にとって大きなメリットだった（実際に粗朶の産出のために少なくとも一七〇haほどの放棄林地が利用されることになった）。こうした背景から二〇〇〇年の「緊急対策」による植生復元事業で大量に用いられたのである。

しかし、伝統工法である粗朶沈床が常に川底にあり水に浸かった状態であるのに対し、粗朶消波堤は水面上に構造物が露出しているため、とくに上部は干出と浸水を繰り返し想定以上に劣化が早かった（霞ヶ浦河川事務所 二〇〇七）。そのため、消波堤から大量の粗朶が流出して沿岸に大量に打ち上げられたり、漁網に引っかかり操業に支障をきたすようになってしまった。

一方、自然再生事業において重要視されている順応的管理は、第一章でも触れたように、持ちうる科学的知見に限界があり、未来の正確な予測ができないという前提において決定的な失敗をしないように事業を行うための手法として考案された。つまり、順応的管理はさまざまな要因によって事業が予想通りに進まないことをあらか

写真３－１　積み上げられた粗朶

写真３－２　粗朶消波堤

じめ想定している。したがって、ある仮説（取り組み）が予想通りの成果を上げられなかったり、別の副作用が発見されたりしたとしても、種の絶滅や資源の枯渇など事業の対象自体が失われないかぎり、自然科学的な観点からは順応的管理自体の失敗とされるわけではない。むしろ、取り組み自体が予想通りいかないことは「想定内」とされる。粗朶の流出の問題も、順応的管理の観点からすれば、その改善策を講じていくこと（結果のフィードバック）が重要になる。そもそも粗朶は、石積みなどに比べて、後からの改修や撤去などのフィードバックが容易であることも重要なメリットだった。そこで国土交通省は、金網で粗朶をさらに囲んだり、割石を粗朶の上に載せたりして補強するなどの対策を講じており、設置当時と比べれば流出の問題はかなり軽減された（戸谷・山内 二〇〇八、霞ヶ浦河川事務所 二〇〇七）。

ところが、この粗朶の流出によって、とくに漁業者や湖岸周辺の住民などの間では、粗朶に対して悪い印象を持つ人が多くなる結果となり、霞ヶ浦に関する公的な討論の場でも何度となく取り上げられた。たとえば、霞ヶ浦周辺の住民が数多く集まった『第四回霞ヶ浦意見交換会』（二〇〇三年五月一七日）では、「粗朶消波工は二〜三年で粗朶がほとんどなくなり、湖岸でゴミになり植生を痛めているように、粗朶消波工は脆弱であり霞ヶ浦に適さないのではないか」（議事要旨より）と問題提起されたり、公開シンポジウムにおいて、粗朶にかかわる霞ヶ浦の環境政策全体が失敗として断じられ、粗朶消波堤にかかわった国土交通省、専門家、環境ＮＰＯが激しく非難されたりすることもあった（霞ヶ浦研究会 二〇〇二）。

こうした批判は、すでに存在していた霞ヶ浦の開発事業や環境保全をめぐる、とくに市民の間の路線の違い（淺野 二〇〇八）を改めて浮き彫りにし、自然再生事業の正統性を大きく損なうだけでなく、霞ヶ浦関係者の間に大きな溝を作る結果になってしまった。その結果、粗朶についての流域保全や経済的効果などを含めた総合的な評価はされることなく、取り組みは事実上立ち消えとなってしまった。こうして一連の騒動は、その後の霞ヶ浦の自然再生事業の推進や、流域をめぐる市民や専門家、行政などの多様な協働の広がりに影を落とすことになった。

このように、順応的管理という理念の下で行われたはずの事業が「失敗」として責められ続け、自然再生事業の正統性自体も揺らいでしまった原因として、自然再生事業のプロセスにおいて影響を受けるであろう地域の人びとや営みと接点を持ちえなかったことをあげられる。

これは、事業決定時に検討会の外にいるしかなかった人について考えると理解しやすい。たとえば、沿岸への粗朶の打ち上げにしても、漁網への引っかかりにしても、実際にそれらに遭遇するのは、ほぼ確実に検討会の外にいるしかなった人びとであった。彼／彼女らにしてみれば、粗朶消波堤を含む一連の事業は、まったくの外的要因として降ってきたものに等しい。その「失敗」によって影響をこうむる事態となったとき、その「失敗」がいくら避けがたいものであり、「失敗」しないこと自体は本質的な問題ではないという科学的な説明がされたところで的外れな説明でしかない。彼／彼女らにとってみれば、自身のあずかり知らぬところで決定された事業が、自分たちに影響を及ぼしていること自体が不条理であり、それに事業を推進した主体がどう応えるかを問うているのである。むしろ、その「失敗」がある種の合理的なものとして説明されれば、火に油を注ぐことになりかねない。

自然再生事業が人びとの営みへの視点を欠落させ、日常の世界との接点を欠いてしまうことは、生態系サービスの分配から現地の地域社会を遠ざけてしまうばかりか、事業によって予測と異なる結果がもたらされる環境リスクをむしろ地域社会に押し付ける結果になるのである。その状況下では、多くの人の参加を得て未来にむけた新しい「人と自然のかかわり」の〈再生〉を行っていくことは難しいだろうし、その取り組みの正統性の確保も難しくなってしまうだろう。

こうした問題に対し、これまで指摘されてきたのは「公論形成の場」の重要性である（船橋 一九九五）。公論形成の場とは、これまで政策の意思決定の外に置かれていた市民の要望や意思を、政策に反映させるためのものであり（船橋 一九九八ａ）、市民参加による公論形成の場の設定と適切な運用が、環境問題におけるひとつの解決策として議論されている（足立 二〇〇一）。公論形成の場についての議論は、議会などの既存の社会的な意思決定の場の機能不全を背景に、市民参加で行われる公共空間での議論（原科 二〇〇五）や、行政やＮＰＯなどが対等な立場で協力関係や共同作業を行うコラボレーションの場（長谷川 二〇〇三）などとして、多くの論者が論じている。もちろん、これらの議論は、論者によって参加主体の利害関係を重視するものから、それらをあえて捨象し交わされた言説だけを対象にするものまでさまざまである。しかし、これらの議論が公論形成の場を重視していること自体に変わりはなく、参画する主体や議論の内容の多様さ、またその過程のていねいさなどによる「豊富化」（船橋 一九九八ｂ：二一二）が必要であるという方向性は一致している。

また、公論形成の場についての議論には、ハーバーマスの議論から発展した「熟議（deliberation）」型の民主主義論が背景にある（平井 二〇〇四、船橋 一九九八）。人びとの選好をそのままぶつけあうのではなく、理性的な対話による熟議によって社会的に公正な意思決定と、それに基づく共同行為が期待されている。もちろん、具体的には参加するべき対話のメンバーをどういう手続きで決めるのかなど、答えが出しにくい問題は残っている。しかし、こうした熟議モデルを前提とした政策決定は、市民参加が制度化し、「協議会」「検討会」「ワークショップ」「フォーラム」といった公論形成の場が、現在さまざまなところで設置されていることを考えれば、少なくとも形のうえでは普及した。自然再生推進法の枠組みも、自然再生協議会という公論形成の場があり、基本的にこのモデルに沿った制度設計が行われている。そして、明示的な公論形成の場で、政策は熟議のうえで決定されることが期待されている。

したがって、前章で検討した関川地区での事業プロセスにおいては、事業についての議論に地元住民が参加する機会があったかどうかという点で、社会的に開かれた公論形成の場を持つことができなかったことは大きなポイントとなっている。事業が学識経験者と行政の担当者によって構成された検討会で完結するかたちで行われてしまった以上、その事業は、公論形成を通じた日常の世界との接点を物理的に持ちにくかったのである。

したがって、あるべき〈再生〉を考えるためには、なんらかの公論形成の場を設置したかたちの自然再生事業の事例を検討することが必要だろう。そこで、次節からは、法律的な根拠を持つ公論形成の場が設置された自然再生事業の事例を検討する。そうすることで、自然再生事業が日常の世界における生態系サービスの享受との接点を見出し、〈再生〉を実現させるための課題を明らかにしたい。

## *2* 沖宿地区における自然再生事業

第二の事例として検討するのは、霞ヶ浦の「沖宿地区[*2]」で行われている自然再生事業である。この自然再生事業は、関川地区のものとは異なって二〇〇三年から施行されている自然再生推進法に基づいて行われている事業であり、法律的な根拠を持つ自然再生協議会という公論形成の場が設置されているのが特徴である。

ここで言う沖宿地区は、霞ヶ浦沿岸に位置する土浦市沖宿町と田村町、かすみがうら市大字戸崎の三つの地域

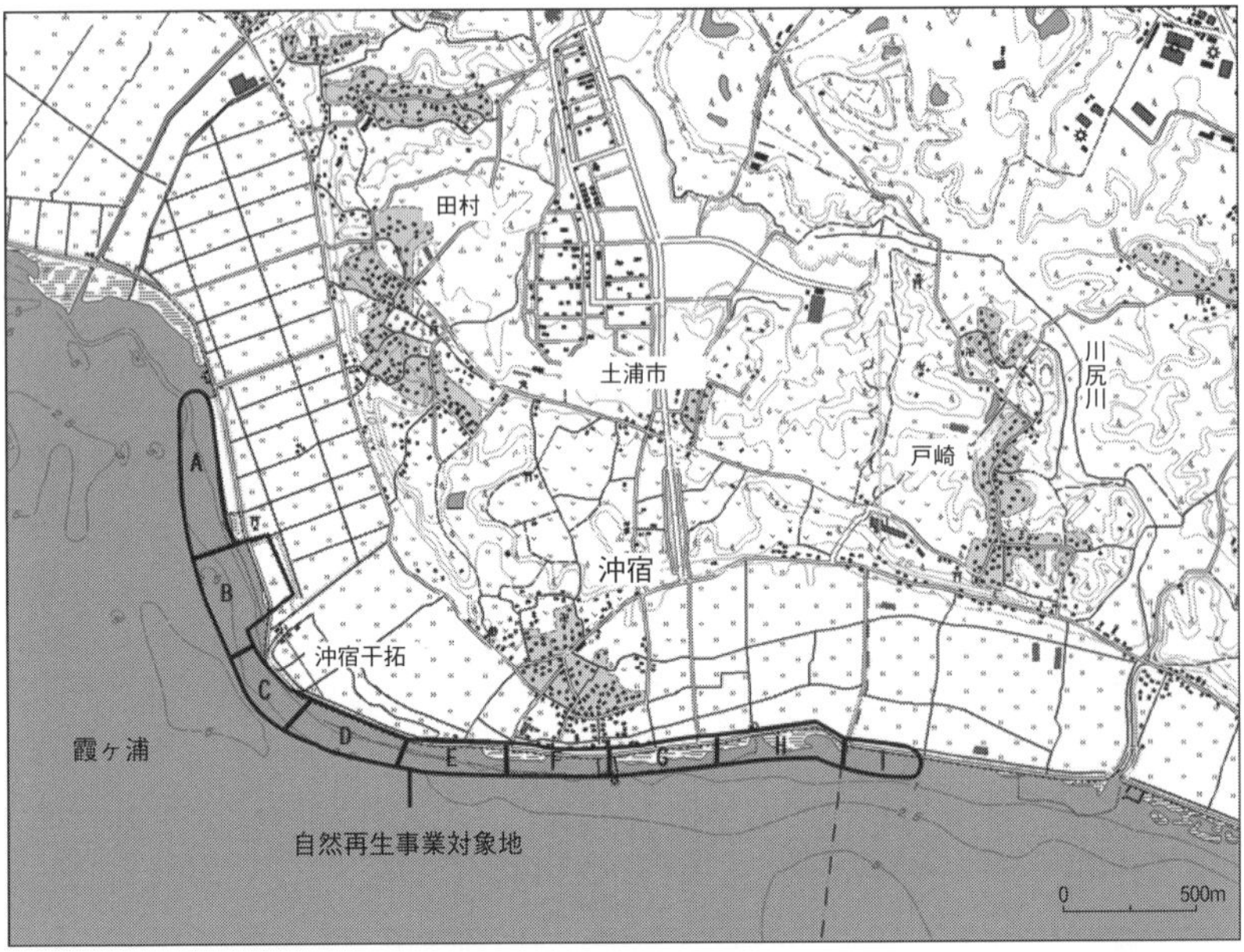


図３－１　沖宿地区とその周辺
注：国土地理院地形図を修正。

を指し、「土浦入り」と呼ばれる湾奥部に位置し、南側は霞ヶ浦、西側は土浦市手野町、東側はかすみがうら市大字加茂に接している。沖宿町では人家の多くが湖の沿岸に接しているものの、田村町と大字戸崎では人家は台地上に集中している。

この地域は、水運や漁業がさかんに行われていた。古代から中世までは具体的な資料に乏しいものの、江戸時代に入り一六五〇年（慶安三年）には西浦に漁業や水運のための港である「四十八津」が設けられて、漁業などで湖の入会的な利用が行われていたことがわかっている（網野 一九八三＝二〇〇七）。当時の湖の利用に関する掟書によれば、田村は「沖右衛門」、沖宿は「伝左衛門」という津頭が確認できるという。また、具体的な掟として、コイの漁期設定や、漁具の規制、罰金などが定められていた。

なお、一九三五年に田村町と沖宿町を含む旧上大津村で行われた調査によれば、人口は八九五世帯五一九七人であり、「本業」別の世帯数は、八〇七世帯が農業、二五世帯が漁業であった。当時、沖宿町には四二世帯の「漁業組合員」がおり、それぞれが小規模の網を持ち、または「大徳（ダイトク）」と呼ばれる大規模な網を二人の網主より借り受けて、シラウオやワカサギなどを漁獲していた。このほか、半農半漁の家が水産加工を行っており、煮干への加工を行っている家が二〇世帯、エビの加工を行っている家が五世帯、佃煮への加工を行っている家が二世帯あった（東京帝國大學農學部農政學研究室 一九三八）。

二〇〇七年四月一日には沖宿町が二五五世帯九〇七人、田村町が一八一世帯六四一人、大字戸崎が二〇三世帯六九三人（『茨城県町丁字別人口調査』より）となっている。また、二〇〇〇年に沖宿町、田村町、大字戸崎の三地域を合計した農家は二五八世帯で、主な作物の作付面積および経営面積は、野菜類三一〇ha、果樹二一ha、稲五ha、花卉・花木五ha、いも類三haであった（『世界農林業センサス』より）。なお、水田の面積は約三三〇haあるが、稲の作付けがそれに対して極端に少ないのは、そのほとんどがレンコン栽培に当てられているからである。この地域の場合、統計上「その他の野菜」とされている作付面積約三〇八haのほとんどがレンコンである。

レンコン栽培には砂をあまり含まない泥質の土壌がよいとされるが、霞ヶ浦沿岸の土壌は泥質で、土壌条件にめぐまれている（山本ほか 一九八〇）ほか、湖岸近くの低地は水害常襲地帯であり、レンコン栽培が稲作よりも水害に強い作物であったことも産地形成の要因となったと考えられている（元木 一九八一、村田 二〇〇〇）。このレンコン栽培は少なくとも明治期には統計資料で確認することができる。その後、大正期をピークとして土浦市街地周辺や阿見町を中心に広がったが、戦争中の食糧統制などの影響で一時的に生産が縮小。しかし、一九六〇年ごろから都市化の影響によってそれまでの生産地であった江戸川下流域から土浦市周辺に産地が移転してきたことなどから再び大きく増加し、現在の田村町でも栽培が始まって沖宿町、大字戸崎周辺にも広がった（元木一九八一）。その後、一九七〇年代から始まる減反政策によって、稲作からレンコン栽培への転換がよりいっそう進んでいる（村田二〇〇〇）。

漁業に関しては、田村町や沖宿町を含む旧上大津村の範囲を中心に土浦第一漁協（現・霞ヶ浦漁協）の漁業権が設定され、二〇〇〇年に三七の漁撈体が延べ七四三日出漁している。主に行われている漁業は底びき網（ワカサギ・シラウオ引き網とイサザ・ゴロ引き網）、主要魚種はエビ（一二t）、イサザアミ（一一t）、シラウオ（二t）、ワカサギ（一t）である。総漁獲量は二五tで、これは霞ヶ浦全体の漁獲量（二四一六t）の約一％に相当する（『茨城農林水産統計年報』より）。一方、大字戸崎が属するかすみがうら市は、行方市などと並んで霞ヶ浦でも漁業がさかんな土地柄であるが、大字戸崎では、底引き網はほとんど行われておらず、ウナギの延縄と、笹浸《ささびたし》と呼ばれる農家による副業的な漁業が主に行われてきた（高橋・市南一九八一、丹下・加瀬林一九五〇）。

沖宿地区はこうした農業や漁業を通じた生態系サービスの享受が行われてきた土地である。そこで自然再生事業が行われた契機は二〇〇三年一一月から行われた国土交通省、水資源機構、茨城県、土浦市及び霞ヶ浦町（現在のかすみがうら市）から構成される勉強会から始まる。その後、協議会の前身となる「（仮称）霞ヶ浦田村・沖宿戸崎地区自然再生協議会設立準備会」（以下「準備会」）が、国土交通省霞ヶ浦河川事務所の主催で、学識経験者四人と関係行政機関・地方公共団体によって二〇〇四年八月二日に開催された。八月一二日には自然再生協議会の委員の公募を開始し、九月二八日には準備会の第二回が開催され、委員の応募に関しての議論が行われた。

その後、二〇〇四年一〇月三一日に、霞ヶ浦沿岸の「概ね西浦中岸六・〇km～九・五kmの区間」[*3]（土浦市とかすみがうら市の境界付近）を対象とする「霞ヶ浦田村・沖宿・戸崎地区自然再生協議会」（以下「協議会」）が設置された。自然再生推進法に基づく自然再生協議会の設置例としては九例目であった。協議会設置時点での構成員は、専門家五人（うち四人は準備会メンバー）と、公募委員五一人（うち団体が一六）、一二の地方公共団体、二つの関係行政機関（霞ヶ浦河川事務所と水資源機構）である。なお、公募委員のうち五人が田村町、一三人が沖宿町、四人が霞ヶ浦町（現在のかすみがうら市）からの応募だった。なお、会長および副会長は、準備会にもかかわっていた学識経験者のなかから選出されている。

この協議会は二〇一〇年七月末までに、計二二回開催されている。二〇〇五年一一月二七日の第八回協議会において自然再生全体構想（基本的な枠組み）が策定され、二〇〇六年一一月一一日の第一二回協議会で一部区間（A区間）[4]の実施計画（実際に行われる具体的な計画）、二〇〇七年九月九日の第一七回協議会でB区間の実施計画が決定された。[5]また、これに付随して数回の現地見学会とインフォーマルな勉強会が行われている。

事業が行われているA区間（西浦中岸五・九〜六・五㎞）は、もともと国土交通省が設置する浚渫土仮置きヤードだったが、その後、そのまま浚渫土が放置されている状態であった。ヤードは鋼矢板により囲まれて仕切られているため、コンクリート護岸と同じように水域と陸地を断絶している状態となっている。事業の内容としては、矢板を一m程度切断し、矢板切断部から陸岸へ湖水を流入させ、ワンド状の水辺を作ろうとしている。このワンドは、水際にマコモなどの抽水植物、浅水域にはエビモなど沈水植生が繁茂する湖岸域となり、水生昆虫の生息地、フナ・コイなどの産卵の場となることが期待されている。また、環境教育や散策のために自然観察路を作る計画になっている。すでに二〇〇七年六月の段階では重機がワンド状の地形の掘削を進めておりなど工事が始まっていることが確認できた。

一方、隣のB区間（西浦中岸六・五〜六・八㎞）には、堤内地（堤防よりも陸地側）に国有地があり、浚渫土仮置きヤードとして利用されていたが、その後、放置され柵で囲われている状態にあった。そこで国有地の陸地側に堤防を移し、すでにある堤防を一部開削することで、静かな湾状の水辺を作ろうとしている。実際、霞ヶ浦は風によって発生する波浪が強く、波浪の影響が少ない静穏な環境の水辺が消滅してしまっている。この波浪の影響の増大は、ヨシ原などの分断化が発生した大きな原因としてあげられている（中村ほか 二〇〇〇）。この地形の創出によって、A区間のように、水際部には抽水植物の、浅水域や静水域には沈水植物のほか多様な生物の生息・生育の場が形成され、環境教育などの場となることが期待されている。他にC～Iの区間があるが、二〇一〇年の段階では実施計画の内容は定まっていない。

沖宿地区における調査では「霞ヶ浦田村・沖宿・戸崎地区自然再生協議会」（以下「協議会」）や、それに基づいて行われている自然再生事業に対して参与観察を行い、その取り組みにおける人びとの動き、会話などの様子を観察した。そして、協議会資料や議事録を含む事業に関する資料・文献を参照したほか、地元自治体や市民団体への機関調査を行った。また、地域の概略把握のための予備的な聞き取りの上で、二〇〇五年一月二二日から二〇〇八年三月一日までの間に、協議会の関係者や地元住民など一八人（男一〇人、女八人）について聞き取り調査や漁撈活動などの観察を行った。

聞き取り調査は、自由な会話形式で行い、地元住民には生業を中心とした個人個人のライフヒストリーを主なテーマとして語ってもらい、この地域の営みの変遷と、この地域の人と自然のかかわりのあり方と自然再生事業の関係を概略的に把握できるようにした。そのため、地元住民に関しては、主たる生業である農業や漁業を担ってきた人びとに対して重点的に聞き取りを行っている。

なお、協議会関係者には、協議会に参加した経緯などについての聞き取りも行った。そして、聞き取り調査で

写真3-3　A地区の工事

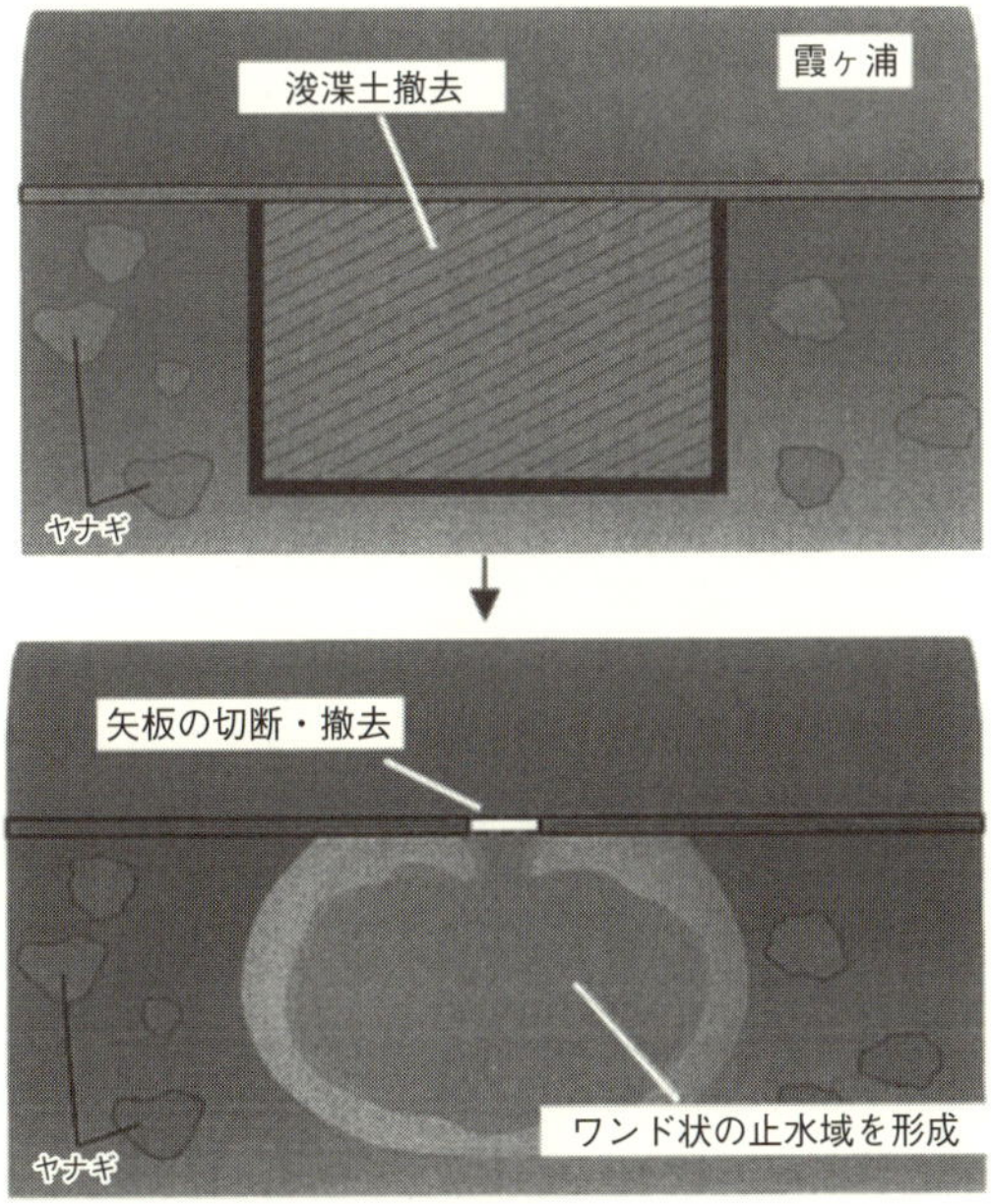


図3-2　A地区の施工イメージ
注：自然再生協議会資料より加筆修正。

は、できるだけ資料の提示も併用した。提示した資料は、過去の写真や地形図、そして道具や生き物の写真で、これによって、より詳細な情報の把握に努めた（嘉田・遊磨二〇〇〇、渡辺二〇〇七）。

## 3　地元は「無関心」なのか？

さて、関川地区の事例と違い応募すれば基本的に協議会のメンバーとなることができる自然再生協議会という公論形成の場が設定された沖宿地区の自然再生事業であるが、地域社会日常の営みを通じた生態系サービスの享受とはどのような関係にあるのだろうか。

当初、自然再生事業における公論形成の場として設置された協議会には、事業が直接行われている田村町・沖宿町を中心に二〇人近くの地元住民の応募があったものの、協議会が進むにつれて湖の近くに住みその生態系サービスを直接享受する主体となる地元住民の委員のモチベーションは低下していった。こうした状況を地元の協議会委員のマサフミさんは「協議会は先細りだよ[*6]」と半ばあきらめたように語っていた。第一回協議会の時点では、田村町や沖宿町の区長や、土浦第一漁協、霞ヶ浦町漁協（現・霞ヶ浦漁協）、土地改良区、消防団、レンコン農家、地元小学校ＰＴＡなどの地元関係者も数多く委員に加わっていた。しかし回数を経るごとに、委員を辞任する人や、協議会への欠席が常態化した委員が増えていった。[*7]また、議論への実質的な参加は、一人の地元委員を除けば、土浦市や牛久市などの都市部に活動の本拠を置く市民団体・ＮＰＯの関係者か、専門家委員がほとんどだった。協議会の会長も地元住民にも事業への参加を広く呼びかける動きがあるかという問いに対し、「できた暁に、何か地元にメリットがあるかたちが見えてくれば可能になるでしょう。また、その方向では努力すべきだと思いますが、現時点では少し……」[*8]と、地元住民に自然再生事業が浸透していないことを認めている。

こうした事態は、地元住民が自然環境に対して一見無関心、無関係だからだということで、説明することができるように思われる。そのため、市民参加型の取り組みでは普及啓発が重要視される（松本 二〇〇五）。このようなロジックは、閣議決定された自然再生基本方針にも「国及び地方公共団体は、自然再生の重要性に関する理解を促進し、地域における自覚を高めるために、自然環境学習の効果的な実施を含め、普及啓発活動を積極的に推進する必要があります」（傍点は筆者によるもの）と記されている。また、地元住民の委員の、「地元の住民がどれだけかかわり合うかということですが、地元と申しましても（中略）霞ヶ浦自体についてはそれほどかかわりを持たないのが普通、ほとんどの方だと思います。ですから、地元の住民だからといって、余り過大な評価、過大な期待はされても困ります。（中略）こういう協議会に出席している皆さん方と皆同じレベルだと思われては困ります。私も含めてですが。そういったところです[*9]」、という発言からも住民の側から「無関心」に対する言及があったりもする。

しかし、沖宿地区の人びとは、本当に霞ヶ浦に対し、無関係な営みを送り、無関心なのだろうか。結論を先取りしていえば、この地域における漁業者や農家を見るかぎり、その答えは「否」といえるだろう。

この地域の漁業は、行方市などの、さかんな地域と比べれば規模は大きくない。しかし、今でも霞ヶ浦において漁を行っている人はいるし、そうした漁によって得られた魚を引き受け加工などを行っている問屋も沖宿地区に二軒ある。この問屋の存在は、この地域で漁を行っている人びとにとっては重要である。霞ヶ浦の魚の流通においては、いわゆる「魚市場」のようなものが存在せず、漁業者と問屋が直接取引を行うのが一般的であり、この地域も例外ではない。そして、個々の漁業者は、それぞれ特定の馴染みの問屋に魚を持ち込むというシステムができている。それゆえに漁師は、特定の問屋が近くに存在していなければ、漁獲物を効率よく捌くことができない。また、問屋では煮干や佃煮などの加工も行っているのが普通であるが、特定の漁師との継続的な関係がないと、安定的に材料となる漁獲物を仕入れることができない。

たとえば、漁師のサダオさん（一九三五年生まれ）は、父親がウナギの延縄をやっていたが、中学を卒業するころには、大徳網の手伝いに出たこともあるという。[*10] 大徳網とは、一〇人が一組になって行う大規模な漁法で、全長一〇〇〇mにもおよぶ大きな網を円形に張り、カグラサン（神楽桟）といわれる人力のウィンチで引き上げるものである。[*11] 形状としては地引網に近いといえるだろう。この大徳網は、漁場があらかじめ決まっており、沖宿地区は霞ヶ浦のなかでもさかんな場所で[*12]網元が三軒あったという。[*13] なお、現在はこの漁法は行われていない。

その後、サダオさんは、ワカサギやシラウオを捕るために帆引き網を始め、一九六〇年代に網を牽引できる強力なエンジンが普及してくると、エンジン船による引き網漁業、いわゆるトロール漁業を始めている。[*14]

現在のサダオさんは、主として六～一二月の間、台風などよほどのことがないかぎり漁に出ており、六月中旬から七月二〇日までは、イサザ・ゴロ引き網でイサザアミやゴロ（小型のハゼ類）、エビを漁獲し、七月二一日からのワカサギの解禁日から九月中旬までと、一一月から一二月一一日に禁漁期が始まるまではトロールでワカサギを漁獲する。その他、シラウオはワカサギと同じくトロールで八月から九月までと一一月から一二月の年末まで、ザザエビと呼ばれる稚エビを九月中旬から一〇月いっぱいまで漁獲しているという。[*15]

なお、イサザ・ゴロ引き網は、機械化はされているものの、機船引き網であるトロールとは異なる独特の方法によって行われる。二〇〇七年六月一五日に筆者が実際に観察したところによると、まず長いロープの先につけた錨を投錨し、起点を作る。そこから、ロープを伸ばしながら船を走らせて、錨につながるロープに対して直角

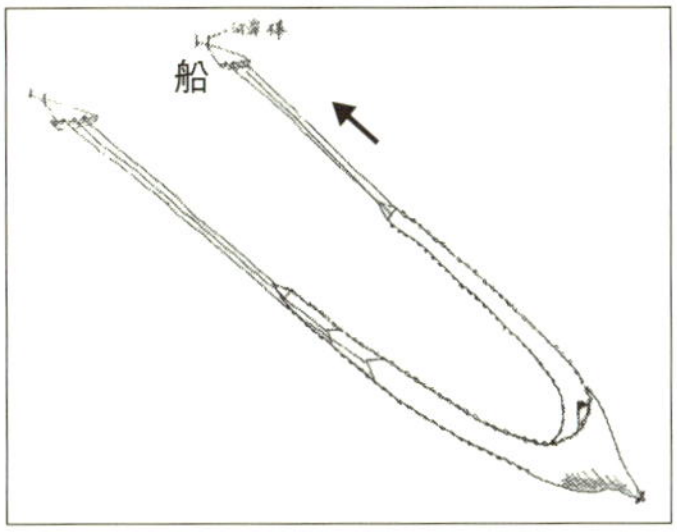


図3－3　大徳網（船引のもの）

注：丹下・加瀬林（1950）に加筆修正。

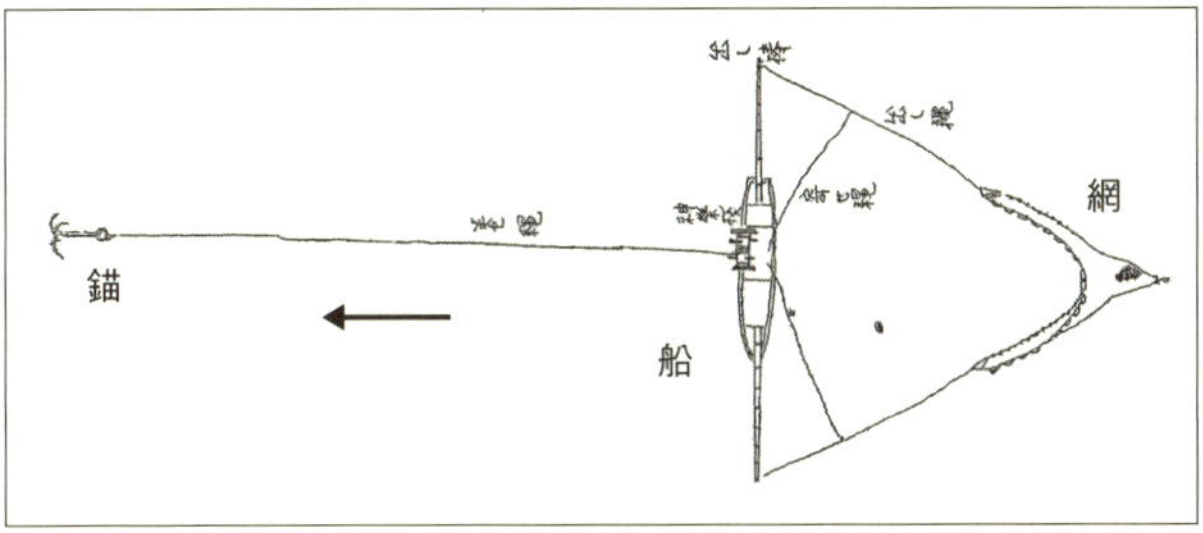


図3－4　イサザ・ゴロ引き網

注：丹下・加瀬林（1950）に加筆修正。

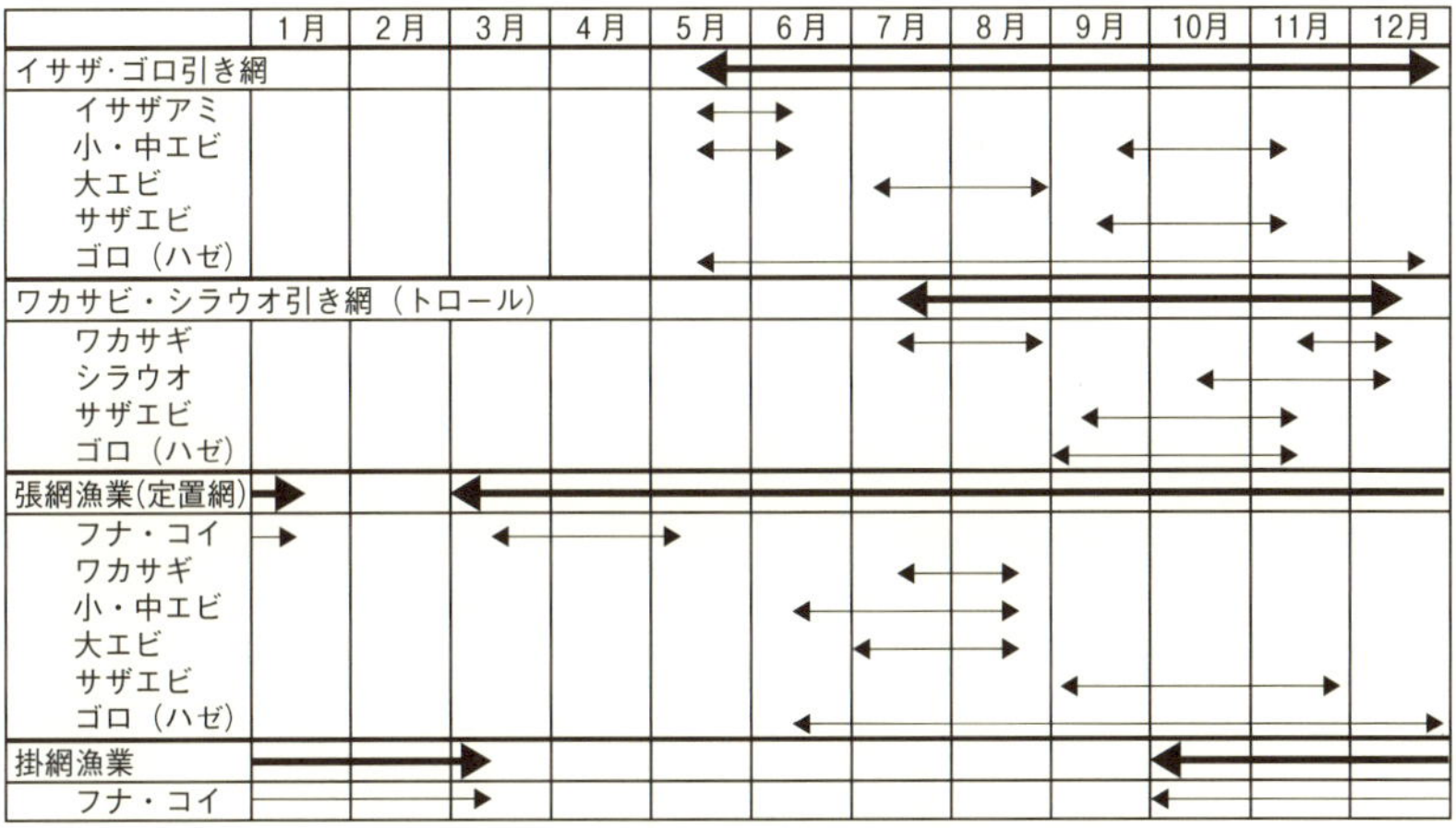


図3－5　霞ヶ浦における標準的な漁業の操業時期

注：茨城県（2001）より作成。

に船を向け、反対方向の側面から網を投じる。この網は、船の前後に張り出した出し棒の先に両端の縄がつけられており、網を広げておく役割を果たしている。そこで、ウィンチを動かし、錨をつけたロープを巻いて、船を錨の方向に横すべりさせるようにしながら網を引くのである。なお、丹下・加瀬林（一九五〇）によれば、この方法は、小資本で行いうるため農業との兼業で経営する者が多く、霞ヶ浦のいたるところで見ることができた漁法だった。

季節によって漁法は異なるが、サダオさんはとくに夏季は真夜中に出漁し、昼前までずっと操業することもある。[*16] そして、漁獲物を水揚げしたら、ただちに問屋に向かいそこで加工が始まる。[*17]

二〇〇六年八月二九日の場合、この日持ち込まれた漁獲物はすべて煮干に加工された。まず、運び込まれた漁獲物の選別作業が行われる。漁獲物は、シラウオを中心に、ワカサギ、アメリカナマズ、フナなどの魚が混ざった状態だった。[*18] このなかで商品価値がある魚はシラウオとワカサギなので、この二種類を、箸を使って選別する。これは大変な作業であり目が痛くなるという。この作業でもっとも危険なのは小さなアメリカナマズの胸鰭である。アメリカナマズは一〇年ぐらい前から混じるようになってきたが、[*19] 胸鰭には非常に硬い部分があり、今年生まれた稚魚では棘状になっている。棘そのものに毒はないが、刺さると非常に痛く腫れてしまうので、選別作業をする障害になっている。[*20] ここではじかれたアメリカナマズやフナなどの未利用魚は、大きな樽のなかに入れられる。これを道路脇に出しておくと、毎日、県外の肥料業者が引き取っていく。[*21]

選別されたシラウオやワカサギは、金属製の網かごのなかに入れられ、そのまま大きな鍋のなかに入れられて塩茹でにされる。網かごは半球形であるが、煮崩れしないために層状に区切られている。量がいっぱいあるときは、木の枠を何層も重ねてもっと大きな釜に入れてゆでる。[*22] あ、く、を取りながら一五分ほど煮込み、木製の枠がつ

写真３－４　イサザアミの水揚げ

写真３－５　加工風景（塩茹で）

写真３－６　湖周辺に広がるレンコン栽培

いた網の上に広げて天日干しにする。このとき、まんべんなく乾くようにときどき撹拌し、植物片などの不純物を取り除いて煮干が完成する。

サダオさんと問屋は、漁を行っている期間中、この作業を水曜日の休漁日と日曜日をのぞく毎日行う。問屋に納めた魚の代金は半月締めぐらいで支払われるという。値段については、半月から二〇日に一度、価格協定委員会が開催され、水産加工（問屋）と漁業者の代表が出て、そこで一律に決まる。値段はワカサギもシラウオも一kgあたり八〇〇円ぐらいが相場だという。[*23]

こうした漁師と問屋の取引の関係は昔から変わっていない。ほとんどの場合、ひとりの漁師は一軒の問屋に売りに行く。なかには親子二代にわたって取引があるところもある。また、問屋が廃業する際には、別の問屋に漁師を「渡す」という。[*24] この地域の漁業は、こうした漁業者と問屋の持続的な関係があって成立しているのである。

一方、農業についてはすでに触れたように、湖岸沿いの農地では圧倒的にレンコン栽培が多い。沖宿地区周辺では、一九六〇年ごろから始まり、徐々にその栽培面積を増やしていった(元木 一九八一)。霞ヶ浦の湖岸沿いの湿田は、関川地区でも土地改良の対象になったように、稲作の作業効率が悪く、機械化にも適さなかった。しかし、レンコンは泥質の低湿な土壌に適した作物であり、稲にとってあまり適していない湖の近くの土地が、むしろ、レンコン栽培の適地だった(元木 一九八一、山本ほか 一九八〇)。

レンコンの専業農家を営むジロウさん(一九三一年生まれ)も、そうした導入時にレンコンを始めたひとりである。農地解放によって稲作には不適な低湿な土地しか残らず、レンコン栽培を始めた。[*25] 栽培技術によってレンコンの出来は大きく異なり、鮮度がよく白いものを作るのは簡単にはいかない。[*26]

その後、沖宿地区では一九七〇年代の減反政策による転作も手伝って、レンコンの生産が拡大していった(元木 一九八一)。その理由は、レンコン自体が、「ハス御殿」が建つほど商品作物としてお金になった時代だったほか、レンコンは稲作のように機械などの投資が比較的少なく、水を送り出すポンプとホースがあれば作れること、転作が容易(肥料を大量に使うことや土を深く耕すことなどから、逆にレンコンから稲作に戻るのは難しい)だったことが語られている。[*27]

現在は、一九九六年に霞ヶ浦開発事業が竣工してから堤外地(堤防より湖側)の利用が排除されてきたこと(水資源協会 一九九六)もあってほとんど見られないが、それまでは湖岸沿いの植生帯などの水辺においてもレンコン栽培が行われていた(村田 二〇〇〇)。

レンコン農家は、比較的霞ヶ浦の水質の問題には敏感である。もともと、レンコン栽培には多量の肥料が必要であり、その肥料分の流出は、霞ヶ浦の富栄養化を招いてきたとして批判されることが多かった(霞ヶ浦研究会 一九九四)。そのため、行政の施策の対象となり、湖沼水質保全特別措置法(湖沼法[*28])に基づく最新の「霞ヶ浦に係る湖沼水質保全計画（第五期）」では、「レンコン田については、施肥量の低減、かけ流しの防止や畦畔の保全・管理等による表面水の流出防止の指導を行うとともに、環境に配慮したレンコンのモデル実証的な取り組みを推進する」と定められている。そのため「汚れるのはしようがない」という意識や、「湖内でのコイ養殖の方が問題だ」という意見を持ちつつも、レンコン栽培農家を含めた湖岸の集落に暮らす人びとの霞ヶ浦の水質に対する意識は高い（村田 二〇〇〇）。

また、霞ヶ浦では以前と比べて少なくなったといわれてはいるものの、[*29] 現在でもガンカモ、クイナなどの水鳥が多く飛来・生息している。これらの水鳥は、レンコン農家から害鳥として扱われている。たとえば、ハス田でよく見かけることができるバン（*Gallinula chloropus*）は、巣材にするためにレンコン（ハス）の葉っぱをむしりとってしまうという。[*30] また、カモなどが夜にレンコンを食害するため、防鳥ネットがこの地域のハス田では張られている。ジロウさんは、罠を仕掛けているが「賢いので、なかなか、かからない」という。そのためジロウさんも防鳥ネットを張っているが、景観が悪くなってしまったと嘆いている。[*31] また、カモが防鳥ネットに引っかかり宙吊りになったまま死骸をさらしている光景が多く見られ、沖宿地区の自然再生協議会でも「環境関係の団体で大変な問題に」なっていると話題になった[*32]ほか、市民からの抗議を受けて土浦市も「ネットに引っかかった鳥を見つけた場合は速やかに取り外す」などの管理を徹底するように農家に要請している。[*33]

以上のような営みを見ると、現代においてもこの地域の人びとは（個人差はあっても）、決して霞ヶ浦に対し、無関係な営みを送っていたり無関心だったりするわけではない。むしろ、漁業者と問屋のように明らかに経済的に霞ヶ浦の生態系サービスに依存している人びとが存在する。

とくに沖宿の集落は湖にそのまま面していて集落が波浪や水害などの影響を顕著に受けるほか、否が応にも

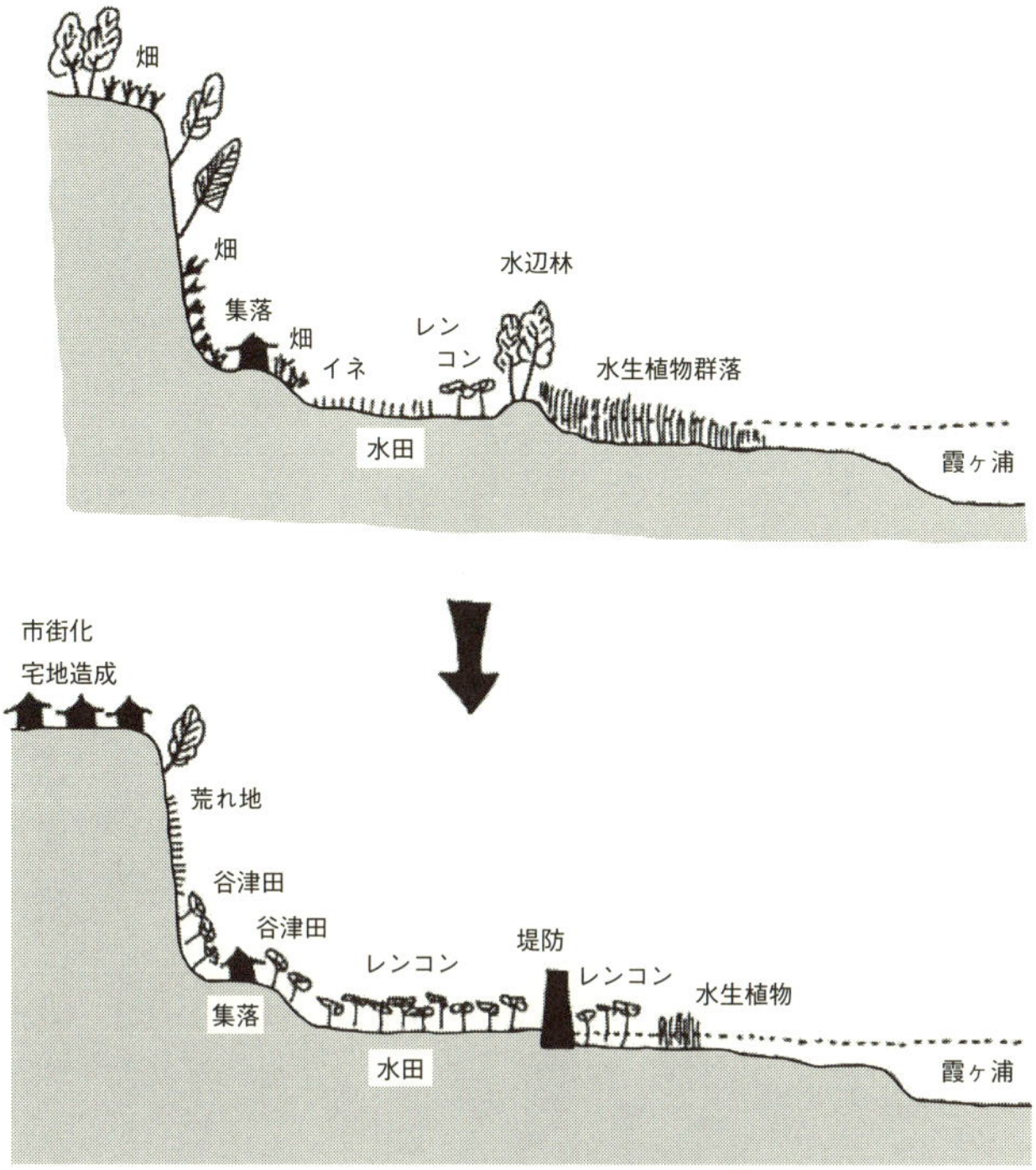


図3-6　レンコン導入と土地利用の変化
上図がレンコン導入当初で下図が現在の土地利用
注：村田（2000）を修正。

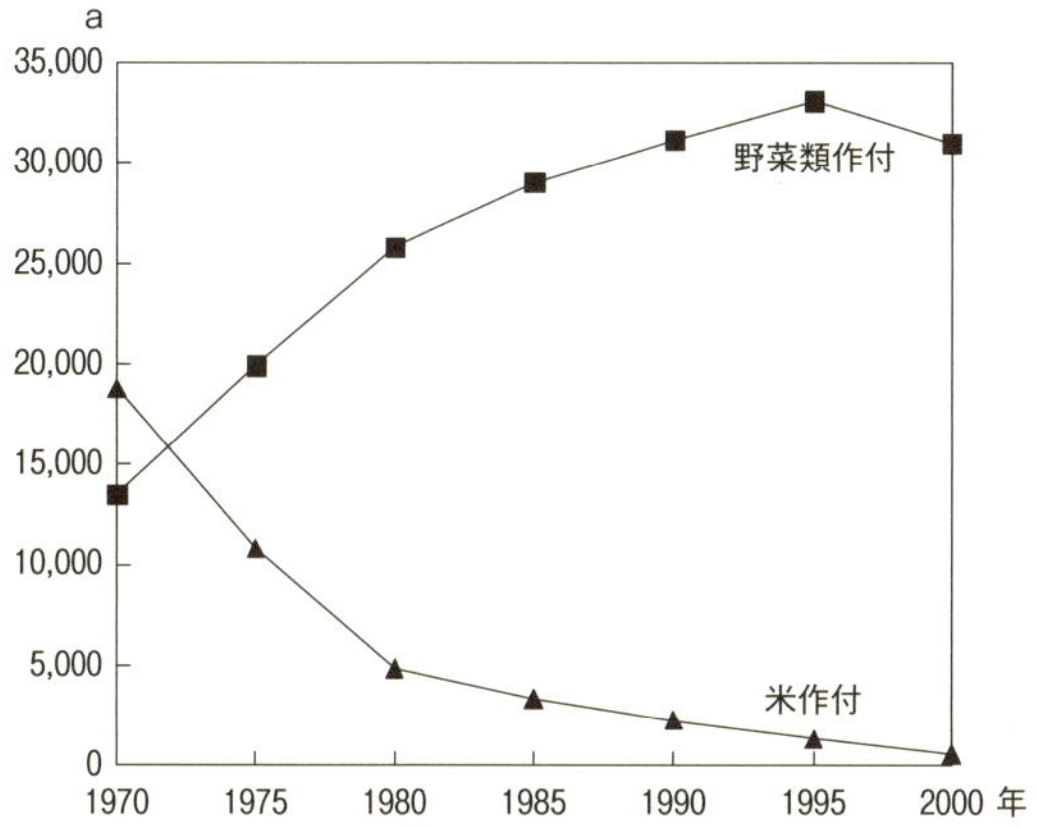


図3-7　沖宿地区（田村町・沖宿町・大字戸崎の合計）の作付面積の経年変化
注：「野菜類」のほとんどはレンコンである。『世界農林業センサス集落カード』より作成。

霞ヶ浦の様子が目に入る。たとえば、ジロウさんは、「ネットの真ん中にくいを打てって。かごに穴あけてね。そうすれば丈夫になると。（中略）縛ったぐらいではとんでもないよって言ったんだよ。（中略）あっち流れって、こっち流れってして」と、すぐ近くの湖内に設置された粗朶消波堤の顛末も観察している。そのうえで、粗朶消波堤からの粗朶流出について「失敗しても謝罪も何もないからな」[*34]と不満に思っている。ジロウさんはレンコン農家であり漁業者のように直接、霞ヶ浦に出ていく機会はないが、湖がどのようになっているのかについて関心を持っている。また、公募委員でもあるマサフミさんにとって湖岸は、幼少時に船で帰ってくる母親を待って「ずっと湖を見ていた。かあちゃん帰ってこないかなと。そのときに見ていたヨシ原が自分のなかにあるのかもしれない。ヨシ原を増やしたいと思うのは」という記憶の場でもある。[*35]

そもそも、結果的に辞任したり、欠席が常態化したり、議論に加わる機会がなかったりしたとはいえ、「湖岸環境の再生を図る」という趣旨を掲げた自然再生協議会の委員として、二〇人以上の応募があったことは、決して住民が湖に関心がないということではないだろう。筆者が集落内で聞き取りを行っているときに、あとから「実は、俺も協議会の委員なんだよな」と話しかけられたことがある。この人は、いまでも湖でウナギをとるための「ズ」が仕掛けられていることを筆者に教えてくれたり、子ども時代には湖岸に広がっていたヨシ原にズが数多く仕掛けられており、そこまで泳いでいってズを放り投げるいたずらをした思い出があることを教えてくれたりもした。[*36]ところが、その人が実際に協議会での議論に加わった形跡はほとんどなく、二〇〇八年三月に委員を辞任している。しかし、ほんとうに無関心であれば、わざわざ役所の窓口や霞ヶ浦河川事務所のウェブサイトから用紙を取り寄せて応募することはないだろう。そうしたことからも、地域社会は湖から非物質的なものを含めて生態系サービスの享受をしていると推測することができ、決して無関心ではないことがわかる。

## 4 公論形成の場の問題設定をめぐるあらそい

以上のように、地域社会の側には、少なからず霞ヶ浦への関心があり、現に生態系サービスの享受の主体であることが伺える。それではなぜ彼／彼女たちは結果的に取り組みに参加せず、また、沖宿地区の自然再生事業は彼／彼女らの日常の世界との接点を見出せないでいるのだろうか。鳥越晧之は、霞ヶ浦周辺住民が霞ヶ浦の環境への意識が低いと経験的に言われることに対して、アンケート調査を行い「霞ヶ浦周辺住民の環境〝意識〟そのものは、今回のデータを見るかぎり決して劣っているとはいえない。経験的な言い方と今回のデータのズレは、結局のところ、意識は高いものの、それを実現させていく地域組織の弱さであろうと想定される」（鳥越二〇一〇：一三二）と指摘している。

そうだとすると、自然再生事業における市民参加の組織である自然再生協議会の経過や住民との関係についてくわしく見る必要がある。

そもそも、自然再生協議会において初期の第八回協議会までの自然再生全体構想をめぐる議論から改めて浮き彫りになったのは、協議会に参加する各主体の問題関心の違いだった。たとえば、水質（富栄養化）の問題をはじめ、植生や鳥類の問題、漁業の問題、波浪対策の問題、景観の問題、水位操作の問題、水辺へのアクセス（安全性）の問題など多岐にわたる。特に水質や、水資源開発とセットになっている水位操作の問題は、第二章でも簡単に触れたように、霞ヶ浦の環境問題の中心的な問題として歴史的にも多くの人びとが関わってきた。また、水質は漁業者も魚の生息環境の保全だけでなく「網が汚れると魚が入らなくなる」[*37]といった理由でも関心のあるテーマである。

霞ヶ浦の環境対策の議論においても、水資源開発の現状を前提とするかどうか（あるいは水資源開発を主導した行政機関との付き合い方）をめぐって、市民同士や漁業者、農業者の間の意見対立を生んできた（淺野二〇〇八）。公募委員のなかにも土浦などの近隣の都市部の在住者を中心に、水質や水資源開発の問題に長年取り組んできた人びとが加わっていた。そのような来歴を持つ公募委員にとって、自然再生事業において水質や、水資源開発と水位操作の問題を過去のものとして棚上げすることはできないことだった。このように多様な問題関心の存在や、意見対立が生じる可能性は、これまでの霞ヶ浦の環境をめぐる経緯をふまえれば容易に想定することができた。

ところが、自然再生全体構想では事業内容が「生物多様性の保全」に資するような保全生態学的な知見による問題設定に限定されており、具体的には堤外地（堤防の湖側）にある浚渫土仮置きヤードの跡地を利用したマコモなどの抽水植物、エビモなど沈水植生の生育地を作るものとして定められた。また、事業の対象範囲もあくまで「概ね西浦中岸六・〇㎞～九・五㎞の区間」の湖岸域、河川区域として定められている「堤脚水路を含む区域の湖側」のみの計画となった。そのため、協議会ではこの計画の枠組み自体がたびたび論点となった。たとえば第四回協議会では、ある公募委員が「第一回のときも、第二回のときも発言しています。それがどうも通っていない」と前置きしたうえで「生物だけを湖岸に繁殖させたとしても、それだけで霞ヶ浦の湖水がきれいになるとは思えない」と指摘した。それに対して会長は、「例えば水源地対策とか、それから、湖水の水質改善に寄与する施策とか方法とかということを、この自然再生法の対象地域で展開するということは現実的に不可能である」として「霞ヶ浦の目標かもしれないけれども、当該地区自然再生の目標ではない」と応答している。[*38]

同様のやりとりは、初期の協議会では毎回のように登場しており、全体構想を策定する段階となる第八回協議会でも他の公募委員から利水にかかわる水位操作について「霞ヶ浦の施設管理と切り離して、この自然再生事業をされるなら、これは全く非現実的な事業になってしまう」と意見が出されるが、事務局から「自然再生協議会の中で霞ヶ浦全体の水質の議論はできない」という応答がされている。一方で、同様のやりとりが繰り返されることへのいらだちを募らせる公募委員もおり「またこれもこれもという難しい問題を後から後から出す」べきではないと反論が出ている。このときは不規則発言が出るなど、激しい議論の応酬があった。しかし、最終的には「この自然再生協議会として働きかけられる部分しか、この中では書けない」という姿勢は堅持されたまま第八回の協議会で「多様な動植物が生育・生息し、里と湖の接点を形成する湖岸帯の保全・再生を図る」ことを目標とした自然再生全体構想が策定された[*39]。

レンコン農家のジロウさんは、自分の家が事業地にすぐ隣接しており、「地域の話をよく聞くということ[*40]」だったので自然再生協議会の委員になっていたが「もう、はっきりいって、スケジュールを組んでいきたいということだから。地域の皆さんの意見を尊重して言っていることと行動が違う。それはあんまりにも現実と離れている[*41]」と思い、途中で委員を辞任してしまった[*42]。そして、ジロウさんは、この協議会について「いや、俺は魚とかはいなくてもいいんだよ。ただ、地域のためになるならいいんだけど、どうも話が変なんだよな。上の行政官の人とはあわねぇな[*43]」と振り返る。つまり、この時点における自然再生事業の事業内容は、ジロウさんが「地域のためになる」と考えるような事業内容とは齟齬を生じているといえるだろう。ジロウさんの委員の辞任は、そうした齟齬が背景にあると考えられる。

漁業に対しても、水生植物が生えることでコイやフナなどの魚の産卵場となることは可能であるが、この時点ではその効果を積極的に位置づけるというよりも、むしろ土壌が流出してワカサギの産卵場に悪影響が生じないことが行政担当者から強調されている。[*44] しかし、以前より霞ヶ浦の環境活動にも加わっていた専業漁師のケイイチさんは、従来から行われてきたヨシ帯の保全事業などの経緯もふまえたうえで、沖宿地区の自然再生事業について「砂浜を作るのはいいよ。でも、作り方がどうしたって納得いかない」[*45] とその手法に疑問を呈している。

もちろん、当初の問題設定や手法への考え方に齟齬があること自体は避けられないし、ここではそれぞれの問題設定が科学的に正しいかどうかを問おうとしているのではない。公論形成の場には問題設定や手法の齟齬を超えて共同行為を実現させる政治的なプロセスが行われる場、すなわち〈まつりごと〉の場であることが求められている。その意味で問題設定や手法の齟齬そのものは、公論形成の場が機能していれば、結果的には大きな問題にならないはずである。

ところが、すでに述べたように、協議会委員によって持ち寄られた問題意識は多様である。自然再生事業以前から多くの関心を集めてきた水質や水位操作[*46]など、霞ヶ浦や流域全体にかかわるものも多い。しかし、こうした関心の多くは、協議会が設置された当初の「霞ヶ浦湾奥部田村・沖宿戸崎地区において、湖岸におけるかつての多様な自然環境を再生すると共に、平成一七年度オープン予定の茨城県の霞ヶ浦環境センター（仮称）と連携した環境学習の場等として活用すること」[*47] という問題設定からは外れると見なされて、それ自体が議論されるようなことはなかった。そもそもこの協議会は、その設立の時点から対象とする地域が定められているなど、事業について強固な既存の枠組み（事実上の制限）がはめられてきた。たとえば、協議会の前身である準備会の時点で「西浦中岸六・〇㎞～九・五㎞の区間」という対象区域が確定されている。[*48] 準備会の委員（学識経験者と関係地方自治体職員）は、対象区域そのものの設定について議論するのではなく、その区域について事務局（霞ヶ浦河川事務所や水資源機構）からの「説明」を受けるのみである。この「西浦中岸六・〇㎞～九・五㎞の区間」という具体的な対象区域が、誰によって決められたのかは明らかではない。少なくとも公開されている記録では対象区域を設定するという作業に、協議会からしか議論に参加できない市民はおろか準備会メンバーの学識経験者でさえもかかわってはいない。

　このように事前に設定された（設定されていた）「西浦中岸六・〇㎞～九・五㎞の区間」が、協議会での問題意識を縛り、設置以降の議論でもそこから外れることは議論しないというスタンスを作り上げてしまった。これは、霞ヶ浦の環境問題の歴史的経緯からすれば公募委員たちにとって、富栄養化や水資源開発は問題設定として「扱わない」という自然再生協議会の政治的な立場の表明を意味した。つまり、委員として協議会に参加すること自体に、水資源開発などの問題の棚上げを迫る効果を持ったのである。しかも、この対象区域の設定自体が、すでに準備会の時点で確定しており、それが公募委員を交えた協議会の議論を経ても何ら変更しなかったという点も、その対象地域を含めた問題設定が、協議会における〈まつりごと〉のなかで順応的に変更されるものではなく、前提として受容しなければならないことを意味した。

　さらに、あくまで問題設定が「植生」や「地形」といった自然科学的に物象を表す言葉で語られていたため、子どものときにヨシ原でいたずらをしたり、母の帰りを待って眺めていたような、記憶の場としての水辺について直接扱うこともできなかった。事業自体をあくまで自然科学的な言葉のみで議論することもまた、個人の記憶や心象などの世界を表現しないという消極的な排除によって「科学的に正しい論理を重視すること」という特定の価値の表明となったり、それを誰と共有するのかという点で政治的な立場の表明となったりする可能性を示している。

結局、協議会は当初の問題設定を離れることはなく、設計案を含む具体的な実施計画が定められ、法律上の「実施者」である国土交通省によって実行に移された。これは、多様な問題設定の齟齬があるという問題だけでなく、それが放置されてしまっていることも意味している。当然、そのなかでは（当初の問題設定に盛り込まれていない）生業をはじめとする日常の世界と接点を持つのは難しいだろうし、その問題設定の外に置かれた人からは「言っていることと行動が違う」という批判を受けるのもやむをえないだろう。

したがって、辞任していった委員も含め、人びとは霞ヶ浦という自然環境自体に「無関心」なのではなく、そこで行われている自然再生事業の内容に関心が持てないか、あるいは協議会の問題設定をめぐる立場の違いから排除されているだけではないだろうか。この問題は、当初の自然再生事業の問題設定と、人びとの思い描く問題設定が齟齬をきたしていることだけが原因なのではなく、協議会という公論形成の場にむしろその齟齬を調整することが求められているにもかかわらず、それができていないということがより深刻な原因だということができる。

こうした沖宿地区で「話を聞く」べくして、市民参加で設置されたはずの「公論形成の場」である自然再生協議会は、誰によるとも知れない当初の問題設定に拘束されており、それゆえに暗黙の裡に特定の政治的な立場にはまりこんでいて、問題設定の齟齬とそれにともなう政治的な立場の違いに無自覚なため身動きがとれない状況になっている。その結果、人びとの日常の世界と接点を持つことができず、すれ違ったままだと考えられる。この状況のままでは、自然再生事業が地域社会における現在の生態系サービスの享受を問いなおし、〈再生〉へと向かうことは難しいだろう。関川地区の例と同様に、自然再生事業がいかに生物多様性の保全に資するかを科学的に説いても、齟齬は埋まらない。むしろ、沖宿地区に生きる彼／彼女らの日常の世界から見れば、そうした話の出発点自体に違和感があり、それを丁寧に解説したところで的外れなままである。むしろ、何を共通の問題設定として合意し共同行為を実現するのかという〈まつりごと〉が重要なのである。ここに、単純に「公論形成の場」を設置するだけでは解決できない問題が存在している。

それでは、地域社会における生態系サービスの享受のあり方を問いなおして〈再生〉を実現させるために、公論形成の場のプロセスをどのように設計するべきなのだろうか。次章では別の事例を参照しながら解決の糸口を探りたい。

**注**

＊1　この経緯は、二〇〇〇年一〇月二三日の常陽新聞で詳しく報道された。

＊2　実際には、土浦市田村町、沖宿町と、かすみがうら市大字戸崎にまたがった場所を対象としている事業であり、協議会の名称も「霞ヶ浦田村・沖宿・戸崎地区自然再生協議会」となっている。しかし、本研究においては、事業の対象地に集落が直接面していることなどから、便宜的にすでに取り上げた霞ヶ浦の「関川地区」と区別するため、この三地区をまとめて「沖宿地区」と呼ぶ。

＊3　河川においては流下方向に向かって右側の「右岸」、左側の「左岸」という表現が用いられるが、「西浦中岸」は霞ヶ浦で用いられる独特な表現である。場所としては、西浦の土浦市方面の湾状の地形である「土浦入り」と石岡市方面の湾状の地形である「高浜入り」の中間にある半島状の沿岸の部分をさす。基点は土浦市で、「西浦中岸六・〇～九・五㎞」といった場合、土浦市の〇㎞基点から東側（かすみがうら市方面）に向かって湖岸沿いを六・〇～九・五㎞行った場所である。ちょうどそこが土浦市田村町と沖宿町、かすみがうら市大字戸崎にまたがっている。

＊4　この協議会では、対象区域を便宜的に、三〇〇～五〇〇ｍ程度ごとで区切り、Ａ～Ｉの九区間に分けている。

＊5　なお、沖宿地区の場合、自然再生推進法第九条によって個別の実施計画は、主務大臣（環境大臣・農林水産大臣・国土交通大臣）に送付され、自然再生専門家会議において検討される。A区間の実施計画は、二〇〇七年三月二六日の平成一八年度第二回自然再生専門家会議で、B区間の実施計画は、二〇〇七年一一月一二日の平成一九年度第一回自然再生専門家会議で検討されている。

＊6　二〇〇八年三月一日、マサフミさんからの聞き取り。

＊7　二〇〇九年二月二八日の第一九回協議会では出席した委員の数が足りず、規約の改正などができなくなる事態も生じてしまった。

＊8　二〇〇七年八月五日第一六回協議会議事録。

＊9　二〇〇七年八月五日第一六回協議会議事録。

＊10　二〇〇六年六月二八日、サダオさんからの聞き取り。

＊11　二〇〇七年六月一三日、ジュンジさん（一九四四年生）からの聞き取り。ジュンジさんもまた、大徳網の手伝いをやっていた。

＊12　二〇〇六年六月二八日、ケイイチさんからの聞き取り。ケイイチさんは、かすみがうら市の別の場所で漁業を営んでいる。ケイイチさんの住む地域は専業の漁師が多く、引き網漁業がさかんな場所である。

＊13　二〇〇六年九月一日、サダオさんからの聞き取り。

＊14　二〇〇六年六月二八日、サダオさんからの聞き取り。

＊15　二〇〇六年八月二九日、サダオさんからの聞き取り。

＊16　二〇〇六年六月二九日、サダオさんからの聞き取り。

＊17　二〇〇六年八月二九日、サダオさんからの聞き取りと、筆者自身の観察による。

＊18　もちろん、今核の具合は湖の状態や時期、操業方法などによって異なる。たとえば、二〇〇六年六月二九日に筆者が観察した水揚げされたイサザアミは他の生物の混穫がほとんど認められなかった。

＊19　二〇〇六年八月二九日、リツコさんからの聞き取り。問屋を営む。

＊20　二〇〇六年八月二九日、サダオさんやリツコさんからの聞き取り。ただ、このアメリカナマズによる被害は、網から魚をはずす際にも問題となるため、ジュンジさん、エリさん、ケイイチさんなど、他の漁に携わる人からも聞き取ることができた。

＊21　二〇〇六年八月二九日、リツコさんからの聞き取り。

＊22　二〇〇六年八月二九日、リツコさんからの聞き取り。

＊23　二〇〇六年八月二九日、サダオさんからの聞き取り。

＊24　二〇〇七年六月一三日、ミサキさんからの聞き取り。問屋を営む。

＊25　二〇〇七年六月一三日、ジロウさんからの聞き取り。

＊26　二〇〇七年六月一三日、ジロウさんからの聞き取り。

＊27　二〇〇六年八月三一日、セイコさんからの聞き取り。セイコさんは、ジロウさんの配偶者である。

＊28　湖沼は閉鎖性の水域であるため水質が改善しにくい。そのため、特定の湖沼を指定し、水質汚濁防止法で規制されていない、生活系、農林水産系などの排出水を規制するために、一九八四年に水質汚濁防止法の特別措置として法律が作られた。二〇一〇年現在、霞ヶ浦を含む一一の湖沼が指定されている。

＊29　二〇〇三年五月二四日、シゲヨシさんからの聞き取り。

＊30　二〇〇七年六月一三日、ジロウさんからの聞き取り。

＊31　二〇〇六年八月三一日、ジロウさんからの聞き取り。

＊32　二〇〇六年七月八日に行われた第一〇回協議会など。

＊33　二〇〇七年六月二四日の常陽新聞による報道。

＊34　二〇〇七年六月一三日、ジロウさんからの聞き取り。

＊35　二〇〇六年五月二八日、マサフミさんからの聞き取り。

＊36　二〇〇七年六月一三日、エイタさんからの聞き取り。

＊37　二〇〇七年六月一三日、ジュンジさんからの聞き取り。

＊38　二〇〇五年三月二一日、第四回協議会（発言は議事録のもの）。
＊39　二〇〇五年一一月二七日、第八回協議会（発言は議事録のもの）。
＊40　二〇〇七年六月一三日、ジロウさんからの聞き取り。
＊41　二〇〇六年八月三一日、ジロウさんからの聞き取り。
＊42　この当時の協議会では、辞任の申し出がない限り委員は任期が切れても自動的に再任された。
＊43　二〇〇七年六月一三日、ジロウさんからの聞き取り。
＊44　「国交省の霞ヶ浦のワカサギ、シラウオの産卵場の調査を平成一五、一六年にやった結果をいただき、それに基づいてこのA・B区間のワカサギ、シラウオの産卵場としての評価がどうだろうか、検討させてもらいました。まず、A区域については、ワカサギの産卵もある部分で見られており、やはりシルトが流出して、その砂地を覆い尽くすのは、ワカサギの産卵場からしてみれば避けなければいけないだろうと思っています。そのような意見も先日の専門家会議の中でお話しました。ただ、B区間については、国交省さんの調査の中では、ワカサギの産卵は全くといっていいほど認められておりません。現状では認められていないので、どちらかといえば水生植物帯を造成するような形で施工し、フナ、コイやワカサギ、シラウオ以外の、水生植物帯に産卵するような魚類の産卵場ができればいいと思っています」（二〇〇六年一月二九日、第九回協議会における茨城県内水面水産試験場長の発言。発言は議事録のもの）。
＊45　二〇〇六年六月二八日、ケイイチさんからの聞き取り。
＊46　両方とも、霞ヶ浦において多くの人の関心を集めてきた問題のひとつである。たとえば、二〇〇二年から計一三回にわたって行われている「霞ヶ浦意見交換会」では、第三回のテーマが「水位」、第五回のテーマが「水質」、第九回のテーマが「霞ヶ浦における水質改善に向けて」である。
＊47　第一回協議会の開催案内に書かれている趣意文による。
＊48　議事録では事務局が「田村揚排水樋管から戸崎一号の排水樋管までの概ね六kmポストと九・五kmポストの間の三・五kmを対象区間としている」と説明している（二〇〇四年八月二日第一回準備会。発言は議事録のもの）。

# 第4章 公論形成の場のプロセスをどのように設計するか？

## ――松浦川アザメの瀬の事例から

アザメの瀬の自然再生事業地

## *1*　アザメの瀬の自然再生事業

前章では、〈再生〉というプロセスを実現させるために、霞ヶ浦沖宿地区の事例を検討し、問題設定の齟齬とその放置という観点から公論形成の場を設置するだけでは解決できない問題点を明らかにした。あるべき〈再生〉を考えるためには、公論形成の場における〈まつりごと〉のプロセスを検討することが必要だろう。そこで、この章では、前章の霞ヶ浦沖宿地区のものとは異なる「公論形成の場」が設置された自然再生事業の事例を検討し、自然再生事業が日常の世界との接点を見出し、「人と自然のかかわり」の〈再生〉へと向かう可能性を見出したい。

第三の事例として検証するのは、九州を流れる松浦川のアザメの瀬における自然再生事業である。このアザメの瀬は自然再生推進法に基づかない自然再生事業ではあるが、「検討会」という事実上の公論形成の場が設置され、地域社会の自発的な参加によって進められている例として知られる（中央環境審議会二〇〇四）。

アザメの瀬は、唐津市南部の相知町佐里の松浦川中流の沿岸に位置している。そして、アザメの瀬に隣接するのは、佐里下、佐里上、杉野の三つの地区である。なお、「アザメ」とは、かつて多く咲いていたというアザミが転じたものとされている。

自然再生事業について記す前に、簡単にアザメの瀬やその周辺について説明しておこう。アザメの瀬は、古くから水田として使われており、自然再生事業が行われる前には、面積約六・〇ha、延長約一〇〇〇m、幅約四〇〇mの丘陵に接した水田であった。当時、地盤は川よりも数m高かったものの川沿いに堤防はなく（上流側は水害防備のための竹林はあった）水田への水の供給は、ため池と松浦川からのポンプ揚水により行われていた。[*1]

この地域は、かつて炭鉱でにぎわった場所だった。佐里でも一八二五年（文政八年）には、七つの炭鉱が開かれ、掘子は一九〇人いたとされている。この石炭を唐津に輸送するために松浦川の水運が発展した。船に荷物を積み出す場所を土場といい、アザメの瀬の近くにも岩小屋土場という土場があった。現在では、堤防によって土場は跡形もなくなっているが、同じ場所に船が横付けできるような護岸がある。一八八六年の資料によれば、旧相知町の石炭産出量は五万八二七一t、佐里に限ると一三一四tを産出している。

一八九六年には「相知炭鉱」が誕生し、一九二〇年代にピークを迎え、一九二〇年の第一回国勢調査では、炭鉱だけで約一万三〇〇〇人の人口を抱えた（当時の旧相知町全体では二万四〇〇〇人）。炭鉱はひとつの街を形成し、炭鉱関係者のみが通う私立和田山尋常小学校（一九二八年の生徒数は約一八〇〇人）をはじめ、医局、銀行、郵便局、市場、動物園、神社、浴場などが作られた。旧相知町全体も炭鉱の経済的な恩恵を受け、周辺には飲食店や商店、旅館、料理屋などが作られたという。しかし、世界恐慌により一九三三年に相知炭鉱は閉山し、和田山小学校も廃校となった。旧相知町の人口も、一九三〇年には二万三八人だったのが、一九三五年には九三二三人と半減している。

その後、戦時中に菱和会《りょうわ》（三菱炭鉱の離職者救済のための会）が炭鉱を再開。月八〇〇tほどを産出し始め、一九五〇年には改組されて相知炭鉱となった。一九五〇年の相知炭鉱の生産量は一万三一六七tであり、一九五八年の旧相知町の人口は約一万六〇〇〇人まで増加したという。しかし、石炭合理化の流れには逆らえず一九六二年に閉山している。

また、石炭を選び出したあと、「ボタ」として投棄された廃石の山を水で洗ってさらに石炭を取り出す「洗炭」は、誰でも自由に始めることができたために戦後さかんに行われた。一九五一年の調査では、旧相知町内で六〇ヶ所の洗炭場が作られていた。この洗炭は、石炭を取り除いたあとの廃水を川にそのまま流していたため、松浦川をはじめとする炭鉱周辺の川は水が真っ黒に汚れ川底には炭塵が堆積することになった。これは川の水質汚濁となっただけでなく、堆積物で川床を上昇させて用水路が使えなくなったり洪水の危険性を高めたりもしている。このころの黒い川の記憶は、今でも住民の間では鮮明である。

この問題をめぐっては旧相知町出身の社会党の衆議院議員井出以誠が松浦川の現状を紹介しながら国会で質問[*2]するなどし、一九五八年には、水洗炭業による被害を防止しその事業の健全な運営を確保することを目的とする「水洗炭業に関する法律」（昭和三三年五月二日法律第一三四号）が制定された。そして、一九六〇年代に入ると、洗炭もだんだん行われなくなっていく。

一方、佐里周辺は集落が松浦川に接し水害の常襲地帯だったが川周辺の土地が肥沃であることに目をつけて、江戸時代には綿や藍の栽培を始め、唐津藩の特産物になっていたという。『松浦川河川整備基本方針資料』によれば、一九五三年六月に過去最大規模の洪水が発生し、一九六一年からは国の直轄河川となり、築堤や河床の掘削などの対策をするとともに、一九七四年には塩水遡上による塩害防止のため下流部に松浦大堰が建設された。なお、大規模な被害をもたらした洪水は、地元ではその元号年をとって通称され、語り草になっている。たとえば、一九五三年（昭和二八年）の大規模な洪水は「二八水《にじゅうはっすい》」と呼ばれている。

図4－1　アザメの瀬とその周辺

注：国土地理院地形図を修正。

このような計画に基づいて松浦川全域で河川改修が行われ、一九七四年にはアザメの瀬の約五km上流の伊万里市駒鳴の大きな蛇行部で捷《しょう》水路（蛇行部のショートカット）の建設が始まった。しかし、この捷水路は、完成すると流下する水の量が増えるために佐里付近などの下流で水害が発生しやすくするため、捷水路だけを完成させることには下流部の強い反対があり、完成するまでに三〇年ほどの時間を要した。[*3]

この章で検討するアザメの瀬の自然再生事業は、そうした下流の一連の河川改修がきっかけとなっている。当初はアザメの瀬に堤防を建設することが検討されたが、水田の半分にあたる約三haが堤防でつぶれてしまうことが判明し、最終的に国土交通省が農地を全面買収することで決着（久我 二〇〇四）。二〇〇一年九月一〇日には、国土交通省武雄河川事務所によってアザメの瀬の地権者三二人を集めて第一回の買収説明会が行われた。[*4] その後の跡地利用については、ゲートボール場やサッカー場などの提案[*5]があったが、二〇〇一年七月に武雄河川事務所の所長に異動した河川環境の専門家が、自然再生事業を行うことを提案。二〇〇一年一一月六日には第一回「検討会」を開催し河川事務所が自然再生事業を紹介した。その後、専門家を招いての勉強会やシンポジウム、現地見学会などをはさみながら、最初のうちは二週間に一回、そのうち月一回ほどのペースで検討会を開催[*6]し、二〇〇八年二月までに六五回の検討会が開催されている。この検討会の内容は、武雄河川事務所が第一回検討会開催時から『アザメ新聞』というチラシにまとめて地域に配布しており、検討会に参加していない住民でもその内容がわかるようになっている。とくに、自然再生事業の枠組みや設計案を議論していく過程にあった初期には頻繁に発行されており、バックナンバーもウェブサイト上で公開されている。

この事業では、アザメの瀬の地盤を七m近く掘削し、一部に溝（クリーク）を掘って水が溜まりやすくしたほか、地下水の浸み出しを利用して大小いくつかの浅い池を作って洪水時に川の水が逆流して湛水するようにして

**表４－３　松浦川における主な洪水**

| 発生年月 | 被害状況 |
|---|---|
| 1953年６月 | 家屋全・半壊流失 573戸<br>床上浸水 30,537戸<br>浸水面積（農地）1,270ha |
| 1967年７月 | 家屋全壊流失 42戸<br>床上浸水（半壊含）1,392戸<br>床下浸水 4,843戸<br>浸水面積 5,176ha |
| 1972年７月 | 家屋全壊流失 ２戸<br>床上浸水 25戸<br>床下浸水 451戸<br>浸水面積 398ha |
| 1976年８月 | 床上浸水 280戸<br>床下浸水 293戸<br>浸水面積 757ha |
| 1982年７月 | 床上浸水 131戸<br>床下浸水 261戸<br>浸水面積 448ha |
| 1990年７月 | 家屋全壊流失 ３戸<br>家屋半壊 11戸<br>床上浸水 130戸<br>床下浸水 422戸<br>浸水面積 1,623ha |
| 1991年６月 | 床下浸水 29戸<br>浸水面積 337ha |
| 1993年８月 | 床上浸水 ７戸<br>床下浸水 143戸<br>浸水面積 173ha |

注：『松浦川河川整備基本方針資料』より作成。

**表４－１　相知炭鉱（戦前）の生産量（t）**

| 年 | 生産量 |
|---|---|
| 1905 | 137,080 |
| 1910 | 261,325 |
| 1915 | 304,676 |
| 1920 | 404,921 |
| 1925 | 540,212 |
| 1930 | 362,207 |
| 1933（閉山時） | 118,990 |

注：『本邦鉱業の趨勢』より作成
1925年以降は「相知芳谷炭鉱」のデータ。

**表４－２　洗炭業の状況**

| 年 | 事業所 | 出炭量 | 従業員 |
|---|---|---|---|
| 1959 | 18 | 71,677 | 282 |
| 1960 | 18 | 84,463 | 366 |
| 1961 | 20 | 86,717 | 366 |
| 1962 | 18 | 41,479 | 272 |
| 1963 | 13 | 31,886 | 137 |
| 1964 | 9 | 30,241 | 166 |
| 1965 | 8 | 28,885 | 151 |
| 1966 | 8 | 20,594 | 118 |
| 1967 | 7 | 19,184 | 93 |
| 1968 | 7 | 17,554 | 60 |
| 1969 | 6 | 15,151 | 30 |

注：井出（1972）より加筆修正。
1958年以前は不明・佐賀県鉱工課調べ。

いる。また、上流側のもっとも土地が高いところは掘削せず「松浦川アザメの瀬自然環境学習センター」（二〇〇五年八月二九日完成）が建設され、その周辺と湿地の斜面には棚田状の水田が作られている。最初の検討会から八年以上経過した二〇〇九年には大規模な工事は収束しており、セイタカアワダチソウの除去などの管理が主になりつつある。また、二〇〇二年一二月には、アザメの瀬の自然再生事業をバックアップするために、アザメの瀬に隣接する佐里下・佐里上・杉野の三地区を母体として「アザメの会」が自主的に組織され、アザメの瀬にかかわる行事を主催したりするようになった。アザメの会は、設立当初は任意団体であったが二〇〇五年九月にＮＰＯ法人となっている。

本章では、こうしたアザメの瀬の自然再生事業について調査を行った。二〇〇七年四月一日現在の人口は、佐里下が一〇八世帯三九七人、佐里上が六七世帯二六七人、杉野が九九世帯二八九人で（『唐津市町別人口・世帯数一覧表』より）、『世界農林業センサス』によれば、二〇〇〇年の佐里下と佐里上を合計した農家（杉野は農家戸数が四戸以下であり、データが公表されていない）は、全体の約四割にあたる七四世帯、主な作物の作付面積および経営面積は、稲五七・〇ha、麦七・七ha、果樹七・二ha、豆類四・七ha、野菜類二・〇haであった。

調査では、前節の沖宿地区と同様に、自然再生事業と地域社会での営みの関係を調べるため、「アザメの瀬検討会」（以下「検討会」）や、それに基づいて行われているイベントおよび自然再生事業に対して参与観察を行い、その取り組みにおける人びとの動き、会話などの様子を観察した。そして、アザメの瀬や検討会に関する資料・文献を参照したほか、国土交通省や地元小学校、市民団体への機関調査を行った。また、地域の概略把握のための調査を行い、二〇〇四年五月二九日から二〇〇九年八月二二日までの間に、アザメの瀬関係者や地元住民、地元小学校教諭など二八人（男二三人、女五人）について聞き取り調査を行った。

## 2　自然再生事業と日常の世界の接点

アザメの瀬の自然再生事業は「徹底した住民参加」（野口・尾澤 二〇〇七、島谷 二〇〇四）がひとつの特徴とされている。検討会は、メンバーは非固定の自由参加とする、月に一回程度のペースで繰り返し話し合う（一度決まったことも、知識の蓄積や状況の変化に応じて再度話し合う）、検討会の進め方をはじめ何でも話し合う、幅広い意見を集約するために老人会や婦人会などへ参加し意見を吸収する努力をする、「してくれ」ではなく「しよう」が基本を合言葉に進める、学識者は基本的にアドバイザーとして位置づけるといった基本方針のなかで運営されてきた（島谷 二〇〇三）。実際、「公論形成の場」である検討会は、二〇〇八年二月までの六年三ヶ月ほどの間に平均すると月一回ほどのペースで六五回も開催され、自治会や婦人会、老人会、元地主、その他興味がある人が集まり、「多いときは六〇〜七〇人。少ないときでも三〇人」[*7]が参加している。検討会は出入り自由なため、当初は佐賀市内などの環境団体も参加していたが、回数が多くなるにつれ残った参加者は地元住民中心になったという。[*8]

検討会では、ダイスケさんが

「そもそも目的は何にしようかと。豊岡あたりだったら、コウノトリがいなくなったから、そこを復元しよう復活させよう。どうしようかということで、鳥がドジョウをあれだけ食べるから、そういうふうにするにはどうしようかと、学者とかが喧喧諤諤やってるじゃない。ここはね、そういう目標とするものが当時はなかったから、みんなの話し合いのなかで、ここでは昔田んぼがあったときには魚が入ってきて、魚が入ってくるのは産卵のためと、避難のために入ってきよったからなーとか。自分たちも食べたりしよったのにねーとか、そういう話を聞きよったんですね。それで目標を決めてね」[*9]

と語っているように、もともとアザメの瀬は水田だったため、当初は、「昔の姿を復元する」という発想で具体的な自然再生事業を設定することが不可能であり、兵庫県豊岡盆地のコウノトリの復活事業のように特段の象徴となりうるような生物もなかった。

結局、アザメの瀬のような地形の場所には田んぼがなければ氾濫湿原が存在しているだろう、という一般的な予測以外の事前の枠組みはあまりなかった。これは、生態学的には目標があいまいになるという懸念があるが、逆に、関川地区や沖宿地区のように、事前から想定されていた生態学的な枠組みに事業内容を収斂させる力を弱めている。そのため、そもそもアザメの瀬の自然再生事業では何を目標にどのようなことをするのか、ということ自体から話し合いが始まった。

その後、二〇〇二年二月一日に行われた第四回検討会では、具体案を議論するためのたたき台を作るためのワーキンググループである「代表者検討会」が住民側から提案され、二月一五日には第一回、三月一一日には第二回が行われてたたき台が決定され、四月一三日の第五回検討会において原案が決定されることになった。その議論においては、「平面図に自分なりの構想を練って」くるなど活発な議論が行われたことが『アザメ新聞』（第三号）で紹介されている。

検討会は、全体的な計画が落ち着く二〇〇二年九月の間まで、ほぼ二週間に一度のペースで行われ、その後

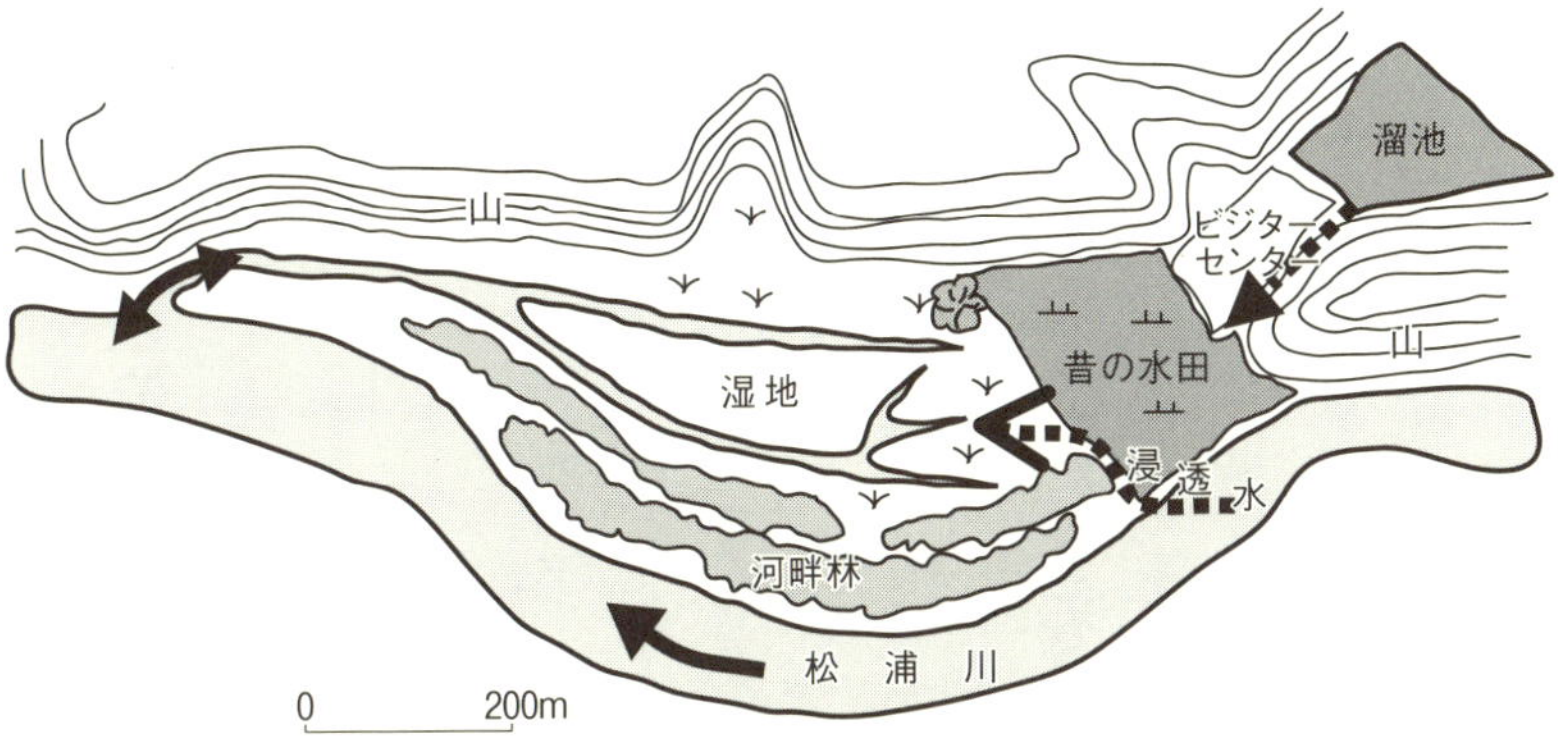


図 4 - 2　アザメの瀬基本構想原案
注：『アザメ新聞』第4号より。

写真 4 - 1　アザメの瀬の検討会

は、一ヶ月に一回か、二ヶ月に一回ほどのペースで開催されている（島谷 二〇〇六）。

たとえば、二〇〇六年一〇月三〇日に行われた第五五回検討会では、夕方一七時ごろにアザメの瀬に住民が二五人ほど集まって、三〇分ほど湿地を見て回った後、環境学習センターで車座になって検討会が始まった。このときの検討会では、まずアザメの瀬をフィールドにしている大学の環境教育の研究室から、研究成果や今後の取り組みについて説明があった。次にアザメの会が参加した一〇月二八日に鹿児島県薩摩川内市で行われた「第六回九州『川』のワークショップ」の報告が行われた。なお、このときアザメの会は佐賀新聞社賞を受賞している。このほか、今後の行事や工事の予定、工事業者の挨拶が行われた。ほぼ工事が収束しつつある時期ではあったが、検討会は一時間半ほどで終了している。

このほか、専門家を招いての勉強会やシンポジウムなども行われているほか、アザメの瀬をフィールドにして行われている大学などの研究発表会も行われており、そうした機会にも地元の人びとの姿が多く見られる。たとえば、二〇〇四年一一月二七日には、日本緑化工学会の生態系保全研究部会が「自然再生事業における住民の役割と生態系の保全」というテーマで現地見学会と研究発表会を行っている。見学会では、アザメの会でも植物などにくわしいイツキさん[*10]たちが現場解説を引き受けた。また、旧佐里小学校跡に移動してからの研究発表会にはアザメの会から二〇人ほどの参加者があった。

また、アザメの会は、堤返しやイダ嵐などのイベントや小学校との連携活動などを主催して行ってきた。堤返しとは、数年に一度ため池の水を抜いて溜まった泥をさらったりするため池の管理作業で、同時にため池に住んでいるコイやフナなどの魚を捕る行事でもあった。佐里在住のオサムさん（一九三六年生まれ）によれば、佐里周辺には八ヶ所ぐらいのため池があり、ため池ごとに集落の役員が箱を回し四年を一期として魚を飼育する権利

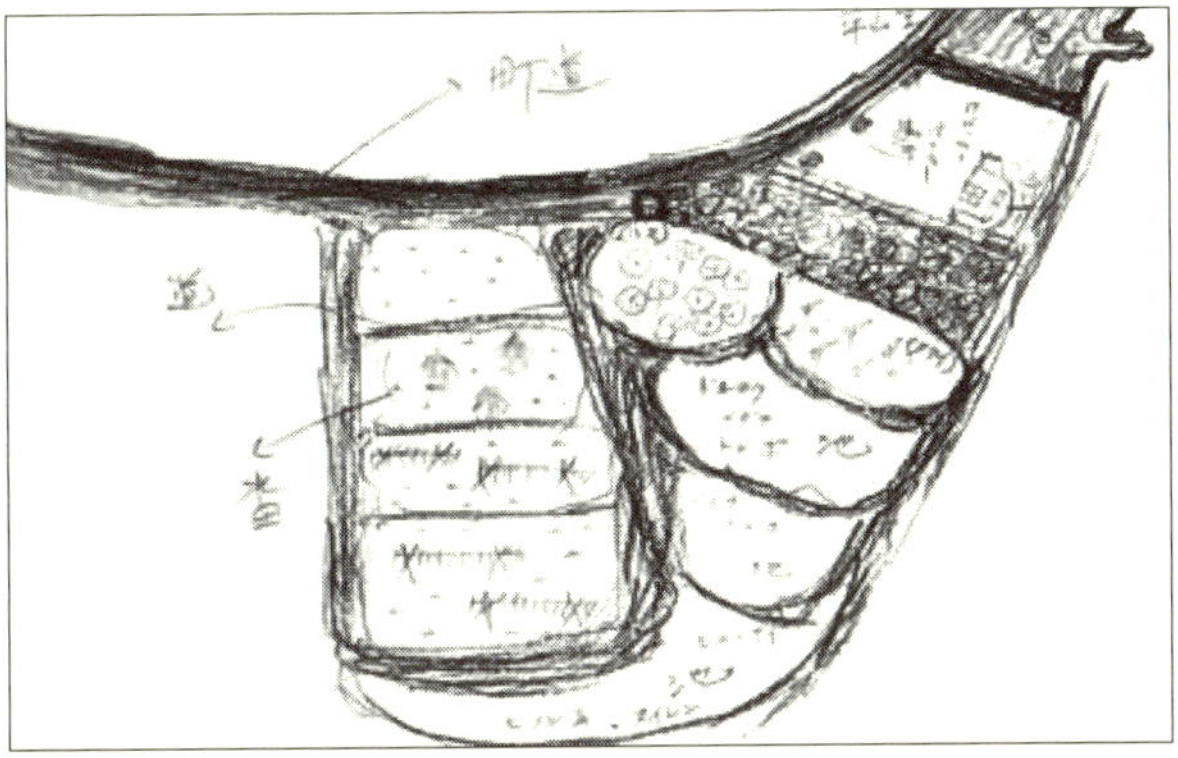


図４－３　第５回検討会での「水田」についての住民からの構想図

注：『アザメ新聞』21号より。区分けされた田んぼや畑が見える。

写真４－２　「堤返し」後の昼食

を入札で決めていた。小さなため池では、落札した人が稚魚を買ってきて放流し捕獲していた。[11] 佐里には郷目木《ごうめき》池《いけ》と呼ばれる旧相知町では二番目に大きなため池[12]があり、ススムさんによれば、こうした大きな池の堤返しは集落総出の行事であった。他の集落からも人が来てその場合は一人三〇〇円などとお金を徴収していた。また、「大きな池では、水のなかでいくら人がやっても魚の方が早いから、そこらじゅう掻き回して濁らせて、魚が浮いてくるのを待っていた」ので多くの人手が必要だったのだという。[13]

二〇〇六年一〇月八日にイベントとして行われた堤返しでは、かつてアザメの瀬の水田に水を供給していたシモダメといわれるため池の水を抜き（シモダメ、カミダメの二つのため池で、一年ごとに交互に水を抜いている）、子どもたちを中心に池（池底は泥になっている）に入り、網や手づかみでコイやフナ、ウナギなどの魚を捕まえている。捕まえた魚はその場で洗いや味噌汁に調理され、炊き出しや持ち寄りなどもあって盛大な昼食が用意される。この堤返しでは、小学校などを通じて参加を呼びかけていることもあって、旧相知町全域から親子連れの参加者があり、その他、佐里地区の住民や河川事務所の職員も参加し、アザメの会が定期的に行っているイベントでは最大のものとなっている。[14]

このほか、現在のアザメの会の活動でもっとも力が入れられているのが、アザメの瀬内に設けられた棚田を通じた相知小学校などとの連携である。棚田は、二〇〇二年四月一三日の第五回検討会で「昔の水田」として構想されたことを発端とし、二〇〇五年二月二四日の第三八回検討会において、四枚の石積み棚田として設置が決定された。もともと石積みの棚田はアザメの瀬や佐里周辺には存在していないが、同じ旧相知町に「蕨野の棚田」という石垣を持つ棚田[15]があり、そこをモチーフとして作られている。

棚田を通じた地元小学校との連携の始まりは、二〇〇六年五月にセイジさんがその年に地元小学校の校長に着任したマコトさんに「二～三週間後の休みの日に田植えをするので、子どもたちに参加を呼びかけるチラシを配ってよいか」と申し入れたこと[*16]が発端である。

実は、その前の年の四月にもセイジさんは前任の校長に対して連携の申し入れをしているが「学校の先生は忙しい」ということで断られてしまい「がっくり」していたという。[*17]セイジさんにとっては一年越しの成果だった。もともと相知小学校では、五年生の総合学習の時間において稲作について勉強していたが、実際に田んぼに行って体験ができるかは、その学年に田んぼを貸してくれる農家の子どもがいるかどうかにかかっていた。そのため、田んぼを貸してくれる家が見つかった場合には、子どもたちは田んぼに行くことができたが、そうでない年はバケツで稲を育てるしかなかったという。[*18]こうした背景から、小学校側はセイジさんからの申し入れに対して、むしろ学校で田んぼを利用できるかと依頼した。[*19]こうして相知小学校による棚田の稲作が始まった。それをマコトさんは、「学校はそういう体験をするところを探そうとしている。アザメの方は、誰かあそこを使うものはいないかと」探していたので、両者の思惑が一致したと話す。[*20]

二〇〇七年度の取り組みでは、事前にアザメの瀬についてのレクチャーがあった後、六月二九日に小学生がアザメの瀬で田植えを行った。子どもの保護者にも参加を呼びかけたところ、平日の昼間にもかかわらず一〇人弱の参加があった。[*21]また、夏休み中の八月一七日には他学校の児童も集まり大学の研究室が協力して、アザメの瀬の生き物の観察会が行われ、八月一九日には田んぼの雑草を手作業で抜いた。[*22]この草とりは終了後の川遊びとセットに

表4－4　2007年のアザメの会の主な行事

| 月日 | 内容 |
|---|---|
| 3月17日 | イダ嵐 |
| 4月30日 | 川の掃除 |
| 6月29日 | 「棚田」で田植え |
| 8月17日 | 生き物の学習会 |
| 8月19日 | 川遊び、「棚田」草とり |
| 10月19日 | 堤返し |
| 11月6日 | 農機具など学習会 |
| 11月8日 | 「棚田」稲刈り |
| 12月6日 | 「棚田」餅つき |

注：聞き取り結果より作成。

なっており、子どもたちは松浦川に飛び込み「思いっきり」遊んだという。[*23]

一一月の稲刈り直前には、アザメの瀬の「学習センター」においてタケシさんの家で使っていた古い農機具などを見せながら、昔の稲作と当時の生活について解説のあと一一月八日に稲刈りが行われた。[*24]アザメの瀬の棚田は四枚あるが、収穫量はそのうちの二枚で一一〜一二俵となり、二〇〇七年はたくさんできた年だった。[*25]こうして収穫した米は一二月六日の餅つき大会の材料となった。餅つき大会について、ヤスコさんは

「餅つきとかも学校だけでは、なかなかできないですね（中略）。でも、アザメの会の方々は、子どもたちが登校する前から早くに集まって、学校で七時ぐらいから蒸してるんです。一時間目に餅つきができるようにって。前日には子どもたちもちゃんと道具の準備とかもち米洗いとかするんですけどね。人数はアザメの会の方が十何人ぐらい、保護者が三〇弱ぐらい。作る量が半端じゃないんですよ。全校分プラス何百個って。全校は三三〇ぐらいです。ものすごいです。四臼ぐらい、つきっぱなしです」

と語っている。[*26]

こうした活動については、保護者や近隣の住民にも公開されている年度末の「思い出集会」で、子どもたちが発表している。これは、学年ごとに一年間についてスライドなどを使って発表したり合奏などを披露したりする行事であり五年生はアザメの瀬について発表した。これにはアザメの会や河川事務所も招待されているが、セイジさんは思い出集会を見て、活動をやってよかったと強く思ったという。[*27]

このようにアザメの瀬の自然再生事業では、地域の人びとがその取り組みにさまざまな形で参加し、事業の立

案に対しても深く関与していることがわかる。そして、アザメの会を中心として堤返しや川遊びなどのイベントが企画・開催されているほか、棚田を中心として小学校との連携が行われており、それに対しても子どもの保護者を含めた地域社会がこのアザメの瀬と接点を持っていることがわかる。これらの点は、地域社会が、自然再生事業に関与する場がそもそもなかった関川地区の事例や、自然再生協議会という場は設定されたものの、地域社会独自の位置づけが困難だった沖宿地区の事例と比べて特徴的である。

もちろん、後述するがアザメの瀬の自然再生事業とて、国土交通省による河川改修のための農地の全面買収によって成立しており、地域社会の誰もがもろ手を上げて始まったわけではない。

しかし、結果的に武雄河川事務所が設定した検討会によって推進している「アザメの瀬の自然再生事業」という枠組みや、地元小学校における「環境教育の授業」という枠組みを少しずつはみ出して、地域社会独自の事業の位置づけと活動を行っていると言えるだろう。もともとアザメの会が行っている、堤返しなどのイベントや小学校との連携は、あくまでアザメの会が主催している行事であり、武雄河川事務所はその協力者である。

こうした一連の取り組みは、「せっかくの自然再生やけん、子どもを中心に[*28]」、「自然再生の話が来たときに、また、子どもたちが遊ぶことができるって[*29]」、「アザメの会の人が、とにかくすごく熱心なんですよ。何が熱心かというと、子どもたちに、とにかくもう（筆者注：体験を）させてあげたいって[*30]」といった語りからもわかるように、自分たちの住む地域の子どもたちのために、川や生き物と触れあう機会を作りたい、遊ぶ機会を作りたいという動機に支えられている。そして、ススムさんが「親が連れてこんと、子どもだけではこんて。（中略）日曜日の方が大人が出やすかね。子どもはイダ（筆者注：ウグイ）といってもわからんし、関心もなか。親が話して聞かせてさ、そいて美味かていうのは、イダって言ったてね。なかなか[*31]」と話しているように、子どもたちを集めるためということもあり、確実にその親にも取り組みの視線は広がっている。棚田での取り組みについても、その保護者も一緒になって田植えをしたりするなどの成果につながっている。その結果、「保護者にも田植えのときに呼びかけて参加していただいたら。そしたら、保護者の方も子どもたちが行かないときにでも、私が時々見に行ってもいいですかって。直接、見に行かれた方もいたみたいですね[*32]」と、「学校の授業」を離れたところで行動につながってもいる。また、ススムさんも孫とよくアザメの瀬に行くのだという。そして「なんでんみつけてこって。そしたら、お花はね菜の花、てんとう虫がおった。トンボ池にいったら、あそこに入り込んでいくとよ。もう、ぬるぬるしたっちゃ。平気で。もう、子どもたちは、なんかおらんせんじゃないかと入ってく[*33]」と語る。

しかも、それらの取り組みを、アザメの会の大人たち[*34]が、自分の生きている地域社会の子どもたちにむけて行っていることに大きな意味がある。ススムさんは、アザメの瀬の活動をやることで、子どもたちとも「アザメのおじちゃん」と呼ばれるほどの顔見知りになったという[*35]。そして地域の大人たちが棚田での稲作を教え、タケシさんがかつて使っていた道具を見せて、昔の作業や生活について教えていくことで、子どもたちの側にも変化があった。

小学校教員のヤスコさんは、さらに

「『してみてる』っていう体験だけだと、子どもって意識が低くなると思うんですよね。でも、『農業って、なんのためにしようしたと思う?』って生活のためじゃないですか。『自分の家の生活を支えるためにしようしたとよ』って言ってたら、稲刈りぐらいから意識が変わってきて。なんか、楽しむために活動しているという感じだったのが、

『これは仕事としてしようしたとね。じゃあ、自分たちも仕事としてがんばらんば』みたいに感じが変わって、もう収穫祭のときとかも一生懸命準備もしてました。そういう高まりは見られました。（筆者注：最初は）あー、こういうのやるんだってぐらいにしか子どもは思ってないですね。田んぼも、『はじめてどきどきキャー』みたいな感じでやってるんですよ。で、田の草取りとかも半袖で行ったんですけど、痛かったんですね。『あー、もういや。虫がいるー』とか言ってたんですけど、その後に昔の稲刈りの道具を見せてもらったりとか、米作りについて話してもらったときに、『やっぱりこれは生活のために仕事としてしようしたとよね』って意識が変わって[*36]」

いくのだと話している。単に、活動として知識として稲作体験をするのではなく、それが、生きていくために行われているという意味を伝えていくのに、地域の大人が関与していくことは子どもたちにもイメージしやすくなるのだろう。

もちろん、小学校という枠組みが持っている限界もある。たとえば棚田にしても、子どもたちがすべての作業をすることは不可能で、日常的な管理などは結果的にアザメの会が担わざるをえない。しかし、そうした現時点での限界はあるにしろ、これまであげた点を見ていくと、アザメの瀬の自然再生事業は、国土交通省によって行われている「生物多様性の保全」としての自然再生事業や、小学校における環境教育という枠組みを超えて、また、そこでもたらされる世代間の交流や、文化の伝承などの非物質的なものを含めて、地域社会における生態系サービスの享受の新しい営みとなっている。そのなかで、昔の農業の姿などの、この地域に従来あった生態系サービスの享受のあり方が再現されたり、思い起こされたり、体験されたりすることによって、結果的に、地域社会の日常のなかで現在の生業や生活、生態系サービスの享受の営みが相対化され、未来のあり方を問うことが可能になっている。このことが〈再生〉へのプロセスとなりうる要因なのではないだろうか。

## 3　アザメの瀬を支える「同床異夢」

それでは、これまで検討してきた霞ヶ浦の二つの事例と違い、アザメの瀬の自然再生事業が日常の世界との接点を持ち、新たな生態系サービスの享受のあり方を生んだり、未来の享受の姿を問うきっかけになったりするのは、なぜだろうか。

おなじく日常の世界への結節点として公論形成の場が設置された沖宿地区では、そのプロセスにおいて、多様な問題関心が持ち寄られているにもかかわらず、当初に設定された対象地区においての保全生態学的な観点から提起された「湖岸環境の再生」という問題設定の枠組みから離れていないことを見てきた。そのため、各委員や協議会の外から見ている人と協議会の間にの問題設定の齟齬が生じていること、そして、公論形成の場であるはずの自然再生協議会が多様な関心を受け止めきれずに、その齟齬が放置されて結果的に特定の政治的な立場にはまりこんでしまっていることを指摘した。

つまり、沖宿地区の自然再生事業では、植生を中心とした湖岸の生物多様性の保全というひとつの問題設定に収斂させることに労力が払われていた。しかし、その結果、問題設定の外に置かれた人びとにとって事業は「ついていけない」ものとなり、異なる論理による問題設定の違いが、齟齬として表面化し政治的な対立をも生み出してしまうのである。

一方、アザメの瀬において自然再生事業は、農地の買収後の利用方法についての選択肢のひとつ、それも後から提示された選択肢にすぎなかった。その前まで、買収後のアザメの瀬ではゲートボール場やサッカー場を作る話になっており、管理は旧相知町がやる予定だった。[*37] そのため、後から自然再生事業という提案が出てきたときには「『なんで？』って。自然なんて、いっぱいあるじゃないか」というむしろネガティブな反応だった。[*38] ススムさんによれば、このとき、老人会や婦人会、育友会などの自治会の組織にも意見を求めたのだが、とくに老人会からは、ここらには自然はあるわけで、自然再生事業は無駄なことではないかという手厳しい意見もあった。[*39] 現場での職員であるダイスケさんは「そのとき、集中的にやらないとやばいなぁということで、二週間に一回程度」で話をしていくことにしたのだという。[*40] ここからわかるのは、アザメの瀬においても自然再生事業は初めから好意的に捉えられていたわけではなく、検討会という公論形成の場はむしろ「なぜ自然再生を行うのか」という点から議論を始めざるをえなかったという点である。とくに最初の一ヶ月半のあいだは、専門家を招いて話を聞き、その意義について討議していくことなどに大きな労力が払われている。

ここで重要なのは、検討会では単に「保全生態学的になぜ事業を行うのか」を議論したわけではないという点である。むしろ、そうした保全生態学的知見からの問題提起を含めて、地域社会においてどのような意義を見出して事業を行うのか、という問題設定の枠組みを検討会の参加者が根本的に考えていくことだったといえるだろう。すなわち、現在のアザメの瀬の参加は単純に地域住民が保全生態学的な知識の伝達によって、生物多様性の保全を理解したためではない。確かに、アザメの瀬においてもアザメの会のメンバーを中心として「生物多様性」などの保全生態学的な言葉が使われている。自作のアザメの瀬の説明資料にも「いわゆる生物多様性を保全」という文言が書かれている。しかし、彼／彼女らの活動が、単純に生態学的な論理による価値づけに回収され、保全生態学的な生物多様性の保全を主目的にしているかどうかは別問題である。

写真4－3　アザメの瀬に設けられた「棚田」

アザメの瀬に作られた棚田はその象徴的な存在である。この棚田は、もともとその場所にあったものではない。既存の水田をつぶした跡に作られた別の形態の水田である。その意味で、棚田は明らかに新しい造形物である。自然再生事業が、過去の復元をめざすのであれば、この棚田は異質な存在でしかない。しかし、アザメの会にとっては棚田での活動はきわめて重要な意味を持っている。ススムさんは「棚田でけて、あれだけはやっぱよかったね」[*41]とアザメの瀬の自然再生事業における成果だと語っている。また、「これが大人だけでだと、投げ出すようなかたちになるのかな。目的がないじゃないですか。でも、子どもたちが入ってくると、子どもたちに学ばせる。大人は教えてやる。昔のいろんなこととか。それが張り合いになっていくんですよ」[*42]と語られるように、棚田での活動は、小学校をはじめとする子どもたちの参加が必須であり、それが自然再生事業に地域の人びとが参加する重要なポイントとなっている。

つまり、湿地だけでなく松浦川やため池、棚田が一体となって、子どもに「（筆者注：川や水田に）入れて飼って、獲って、口まで入れる、というとが実質に、肌で感じてしまうけんさ。そこまでいかないと、自然というか、いろいろなものの大切さもわからんし、そういうことが体験[*43]」させられる場所として位置づけることができるからこそ、アザメの会はアザメの瀬の自然再生事業へと参加している。したがって、アザメの瀬の自然再生事業は子どもたち（次世代）の育成という、「生物多様性の保全」のような科学的な知見をもとにした生態学的な論理とは異質な論理を並存させている。それは、各主体がなんらかの論理に一致し、自然環境に同様の価値づけをして合意が形成されるというかたちとは異なる「同床異夢」（小野二〇〇〇：七五）で成り立っている[*44]。それは、結果的に多様な関心を受け止めることに成功し、地域社会が日常の世界において自然再生事業を自律的に生態系サービスの享受の新たなかたちとして取り入れていることにつながっている。

そうした実情を見れば、アザメの会は生物多様性や外来種など保全生態学的な語彙を取り込みつつも、生態学的に検証可能な科学的概念として生物多様性を捉えてその保全をめざすという論理とは異なることがわかる。まさに自然再生事業はアザメの会の説明資料のようにいわゆる生物多様性の保全なのである。これは、啓蒙活動によって地元住民が保全生態学的な生物多様性概念を理解した成果としてアザメの瀬の活動にかかわっているという単純なシナリオでは理解できない。

もちろん「同床異夢」の成立は、生態学的な論理と住民たちの「子どもたちのために」という論理が決定的に矛盾はしていないということが前提にある。しかし、こうした構図ははじめから成立していたわけではないし、（生態学的な論理は比較的明確であったとしても）住民たちの「子どもたちのために」という論理もはじめから明確にあったわけではなく、変化の結果もたらされたものである。その意味で、アザメの瀬の「同床異夢」は、結果的に成立した状況そのものよりも、各主体の論理が変化しながらも破綻せずに身体的な行為が積み重なるプロセスが本質的に重要である。

すでに指摘したように、もともとアザメの瀬では国に買収された後にゲートボール場などを設置する計画があり、自然再生事業はあくまで跡地利用について後から提示された選択肢に過ぎなかった。そのため自然再生事業に対する地元住民の反応には驚きと困惑が混じっており[*45]、その対策として二週間に一度の検討会という、参加者が話をする場が作られた。話をする場といっても、そこでただちに何かを決めていったわけではなく、「やったという、相手の顔を見たという、そんぐらいのレベルですよ。ぜんぜん進まないときもあるし、後退することもある。それでもやる、集まることに意義がある[*46]」というように頻繁に顔を合わせることをめざしていた。言説による熟議や情報の共有ではなく、まずはその場を身体的な行為として共有し「昔、田んぼがあったときには魚が入ってきて、魚が入ってくるのは産卵のためと、避難のために入ってきよったからなーとか。自分たちも食べたりしよったのにねーとか、そういう話[*47]」を聴いたのである。

こうした住民からの話を聴くことを重視した検討会の姿勢は、行政側の紙の配布資料や議事録をあえて作らなかった（結果についての広報のチラシ（『アザメ新聞』）は作成しているが、検討会の資料は図面などに限られる）、メンバーを特定せず自由に参加できるようにしたなどの運営にも現れている。この姿勢の背景には、アザメの瀬では専門家や行政が自明のものとして示せるほどの復元の具体的目標を持っていなかったこともあるが、行政による説明などを最小限に抑え、また、議事録などを残さないことで比較的自由に発言しやすいようにしようという意図があった[*48]。また、検討会の回数を多くしてとにかく顔を合わせることを重視することで、議論の内容以上に、検討会に集まり話をするという身体的な行為の共有をめざしたのである。この段階での検討会の合意は、双方がある一致した論理を持つにいたるという強い意味の「合意」というよりも、とりうる他の選択肢と比較しつつ、とりあえず時空間を共有するなかで個別の行為について相手と了承しあうという「一時的な同意」（富田 二〇〇八）とでもいうべき、あいまいさを孕んだものだった。

そもそもアザメの瀬の検討会ではメンバーが特定されておらず、あくまで個人的に参加し発言する場のため、公論形成の場としては結論が何を代表しているかあいまいさを残したものにならざるをえない。むしろ、アザメの瀬の検討会は同意内容をリジッドにしない（できない）プロセスである。これに加え、すでに紹介した詳細な議事録の不在や、疑問が生じた時は一度議論したことでも何度でも繰り返し話し合うことなどの運用のルールと、まずは場を共有しようとする姿勢によってあいまいな「一時的な同意」が積み重ねられていくのである。

表4－5　アザメの瀬関連年表

| 年月 | 主な出来事 |
|---|---|
| 2001年9月 | 地権者説明会 |
| 2001年11月 | 第1回検討会 |
| 2002年1月 | 現地見学会 |
| 2002年2月 | 素案決定へのワークショップ |
| 2002年4月 | 「昔の水田」を含む素案の提示 |
| 2002年12月 | アザメの会結成 |
| 2003年3月 | 佐里小が閉校・相知小に合併 |
| 2003年6月 | アザメの瀬出立式 |
| 2003年8月 | 初の川遊び企画 |
| 2003年10月 | 初の堤返し企画 |
| 2005年2月 | 棚田の計画を決定 |
| 2005年5月 | 相知小への申し入れ（1回目） |
| 2005年9月 | アザメの会がNPO法人化 |
| 2006年5月 | 相知小への申し入れ（2回目） |

地元住民側の論理も最初から強固にあったわけではなく、この積み重ねのなかで変化しながら立ち現れてきた。たとえば表4－5に示したように棚田の原型となる「昔の水田」の構想は、アザメの会ができる前のかなり早い段階で出ており、この段階では「もとは田んなかあったちゃけん、田んなかがあったということを遺すためよかちゃなかね[*49]」と、先祖伝来として受け継いできた水田の歴史を復元し遺すことに主眼があった。この「先祖伝来の水田」という意識は、買収の時点でも争点になっていたし[*50]、地盤の掘削をすることへの抵抗感の源にもなった[*51]。この時点ではまだ「子どものために」という論理は明確には出ていない。

「子どものために」という論理が活動において明確になるのは、素案が決まった一年後、二〇〇三年三月の地元小学校（佐里小学校）の閉校の後である。当時を振り返ったスムさんが「あんときにいろいろ学校が統合になったりとか、問題も多かった」[*52]と語るように、PTAや地域の運動会などを通じて地域社会の核となっていた小学校の閉校が大きな問題となっていた。その年の夏から秋に、子どもたちが主役となる企画であり、かつ現在の活動の中心となる川遊びや堤返しが立て続けに企画されている。

棚田の計画決定は、そうした子どものために行われた企画を何度か積み重ねたあとの「昔の水田」構想から約三年後であり、すぐ後に小学校への最初の申し入れが行われている。三年間のブランクが生じたのは、湿地整備を優先させた結果であったが、この間に地元住民の認識は、小学校の閉校をきっかけとして先祖伝来の土地の履歴を残す場としての「昔の水田」から、子どもたちの水辺体験や教育の場あるいはそれを通じた大人たちのネットワークの再編成の場としての棚田へと変化していたのである。

また、イダ嵐見学の企画の消長にもそうした変化を見ることができる。イダ嵐とは、イダと呼ばれるウグイの遡上のことで三月ごろの暖かい雨の日に多く、ウグイを捕まえて食べる松浦川の風物詩である。年配者にはとくに思い出が深く、二〇〇二年三月には魚とり名人で知られるタケシさんによって個人的に披露されていた。その後、イダ嵐見学やウグイを食べる企画がアザメの会結成直後の二〇〇三年三月から、松浦川の風物詩の「復活」として毎年行われてきた。しかし、イダ嵐は気象条件に大きく左右されるため、イベントとしての日程の設定が難しい。そのため、子どもたちやそれを送迎する保護者が対応できる日曜日の昼間に設定することは難しいという理由で、二〇〇七年以降はアザメの会の大規模な企画としては行われなくなってしまったのである。[*53]

以上のような自然再生事業に参加する一連の変化は、自然再生事業や水辺への地元住民の認識が当初の昔の復元から、子どもたちを育て、未来を育むための〈再生〉へと変化したことを示している。結果的に、地元住民は「一時的な同意」を積み重ねることによって、検討会やイベントなどで顔を合わせ共に作業をするという身体的な行為を媒介にしながらゲートボール場の造成ではなく棚田などのアレンジを加えた自然再生事業を行政や研究者と行うことを選択してきたのである。

もちろん、「一時的な同意」を通じた認識の変化は地元住民に限らない。河川事務所の職員であるダイスケさんも、住民たちから出てきた自然再生事業の計画に「私も最初はね、あんな細いところに魚入るのかなーってね。ほんとかなってね。川魚の知識もなかったから、ほんとに来るのかなと。でも、地元の人は来るよ来るよって[*54]」と、はじめは半信半疑だった。しかし、実際に、川の水量が増えてアザメの瀬に多くの魚が川から入り込んでくると、「魚が来たときはホントうれしかったですね。入ったーって。やっぱ、やってみないとわからないじゃないですか。今は、もう来たよねって当然のように来てるんだけど」と事業の内容や地元住民への認識が変化してきたことを振り返る[*55]。

また、こうした認識の変化と同時並行で、買収時には地権者と国土交通省との関係でしかなかったアザメの瀬の人間関係も拡大し、また質的にも変化している。小学校を通じた子どもたちとの交流は、ススムさんが「アザメの活動をやることで、いろいろと子どもが連れてこられるので、顔見知りになったりしている[*56]」と話しているように世代間の交流を促している。また、国土交通省という行政機関と地元住民の関係も変化している。今でこそ、地元住民と国土交通省は直接話し合い連絡を取り合って自然再生事業を進めている。しかし、「前でちゃ、畏れ多くて役場とおして役場の課長でもつれてかなきゃ。我がどんが直接行かれんっちゃ[*57]」という関係だった。

また、活動が第七回『九州「川」のワークショップ』でグランプリを受賞するなど社会的な評価を得たり[*58]、実際に魚が産卵に遡上するなど自然環境の変化が眼に見える成果として表れたりすることで、過去の復元から未来にむけた再生への移行をうながし、活動が地域社会の日常の世界へと取り込まれることで、生態系サービスの享受の新たなかたちとして根づいている。

したがって、検討会を含めたアザメの瀬をめぐる身体的行為の積み重ねが、名主体の問題設定の違いを超えて、共同行為を実現する〈まつりごと〉の場として機能していると言えるだろう。そのため、必ずしも論理的な一貫性がなくても、あるいは取り組みが「科学的」な論理に統一されていなくても、実際に日常の世界における生態系サービスの享受を新たに見出して、人と自然のかかわりを〈再生〉できる可能性が生じるのである。

## *4* 同床異夢を前提とした〈まつりごと〉

以上のような同床異夢を前提とした〈まつりごと〉が、人と自然のかかわりの〈再生〉において可能性を持つのは、これまでも問題になっていた日常の世界を含めた人間の自然に対する価値づけの多様性と変化に対応しうるからである。

自然についての価値づけが、時代や主体によって多様性を持つことは既往研究によっても明らかにされてきた。たとえば琵琶湖での「生活環境主義」の研究は、自然環境にむけて人びとが科学的な知見とは異質なまなざしをむけていて地域や世代などによってさまざまな価値づけがあることを描いてきた（鳥越・嘉田 一九八四）。人びとの自然環境は単に多様であるだけでなく、時代や状況に応じてダイナミックに変化する。さらに、鳥獣害の研究では、野生動物が「憎らしく」も「かわいらしい」という、一見矛盾する自然への価値づけが同一人物においても行われることが明らかにされた（丸山 二〇〇六：二〇四）。これらの知見の蓄積により、自然についての多様な価値づけの姿が描き出されそれを尊重した政策決定の必要性が示されてきた。霞ヶ浦の二つの地区の自然再生事業がまず直面したのも、多様なかかわりの姿と、そこに持ち寄られる多様な価値観だった。

しかし、このように自然環境に対する多様な価値づけがなされることは、ある自然環境について多様な主体が同一の論理のもとで合意し協働することが簡単ではないことの裏返しである。沖宿地区の自然再生協議会が対応に苦慮しているのは、まさに協議会の議論が自然への多様な価値づけを受け止め、熟議することが難しいからである。むしろ、これら多様な価値同士の「不合意」を前提に議論することすら想定しなくてはならない（黒田 二〇〇七）。また、こうした自然環境に対する価値づけは慣習的なものや感覚的なものなど、身体に刻み込まれ論理的な言説にしにくいものが多いことが指摘されている（松井 一九九八）。つまり、熟議による解決をめざしても、そもそも多様な価値を言説による議論の俎上に載せること自体に困難が伴う。

その点、同床異夢を前提とすれば意見の違いが表面化する緊張関係をはらむものの、必ずしもひとつの論理に回収されない他者の存在を認めながら事業を進めざるをえないために、自然に対する多様な価値づけをする人びとが公論形成を行うことに対して親和的である。もし、公論形成の場で論理のあいまいさを排除し唯一かつ一貫した論理による「合意」をしようとすれば、異なる論理を持っている他者は説得する対象でしかなくなる。その結果「説得する側」と「説得される側」という非対称な関係を作り、公論形成の場を「いかにして相手を黙らせるか」という駆け引きの場に陥ってしまいがちである。おそらく、沖宿地区の自然再生事業が躓いているのはこの点である。

こうした同床異夢を前提とした〈まつりごと〉が成立するには、少なくとも二つの条件が必要だと考えられる。ひとつは、「顔合わせ」のようなものを含めた身体的な行為を各主体間の媒介にすることである。身体的な行為が言説による議論に先んじることで、アザメの瀬の検討会のように必ずしも同一の論理を持っていなくとも何らかの協働を行うことをあいまいに同意することが可能になる。また、同時に行為を通じて論理的な言説になりにくい自然環境に対する多様な価値づけを表現し再確認することで、各主体の論理が明確になったり変化したりすることもある。その行為の積み重ねによる各主体間の信頼があってはじめて言説を通じた熟議は公論形成の場において機能しうるだろう。[*59]〈まつりごと〉は、単に言説によるものだけではなく、アザメの瀬の堤返しや棚田の稲刈りのように身体的な行為を通じた「お祭り」によっても行われるのである。

このことは、〈まつりごと〉の場においてイメージされる「合意」の姿だけでなく、それにともなって登場する「市民参加」や「教育」の意味について修正を求めることになる。たとえば、「市民参加」によって専門家でない人間、それも数多くの多様な問題意識を抱えた人間が集まることは、論理的な一貫性を持った結論を出すことを遅らせるか不可能にしてしまう可能性を持つ。したがって、ある取り組みにおいて論理的な一貫性にこだわれば「市民参加」をやる積極的な意義はほとんどなくなってしまう。あえて見出そうとすれば、「市民参加」は事業を円滑に進めるために「無知な市民」にどんどん科学知を与えようとする際限ない「欠如モデル」によるリテラシー教育の場になってしまう（Gregory and Miller 1998）。結局、欠如モデルによる市民参加は「説得する人」と「説得される人」という関係を「教える人」と「教えられる人」の関係に切り替えるだけで、政治的な非対称性は保たれたままになる。これは本来の学びという観点からも望ましいものではないだろう。教育学者のフレイレは「欠如モデル」的な教育のあり方を「銀行型教育概念」と呼び、結果的に人間としての創造力を失わせるものとして批判している（Freire 1970=1979）。

したがって、同床異夢を前提とした、〈まつりごと〉では事業の内容を形作るプロセスを重視するべきだろう。「リテラシー」は、そのために専門家集団や多様な人びととコミュニケーションをとるために必要な最低限の知識（小林 二〇〇二）に留まるべきだと考えられる。むしろ、「顔合わせ」のような身体的な行為を共有するなかで、専門家であるか非専門家であるかを問わず、公論形成の場の参加者がその場において有効な新たな知見を作り出していくべきではないだろうか。それは一種の学びの過程ともいえるだろう。具体的には、メンバー個々人の多様な価値づけが持ち寄られ、「お祭り」を含めた身体的な行為を共有するなかであいまいな「一時的な同意」を繰り返し、同床異夢ながらもともに知見を蓄積することで名主体の持つ価値づけや取り組みの内容が変化していくという〈まつりごと〉である。また、そのあいまいさが、過去の同意内容にリジッドに縛られることなく「失敗したらやり直そうよってぐらいで[*60]」更新されて、順応的な取り組みを可能にしている。こうしたアザメの瀬における検討会のやり取りをふりかえってダイスケさんは他の河川改修などの現場経験もふまえ「こうしたプロセスは、最初はやっぱり、反発というか、『なんで、そんなことやるの?』って。それで一回やってみて、やってきながらやっていくと、『なんだ、そういうことか』って。僕らが垣根を取り払うか、向こうが垣根を取り払うか[*61]」と話している。

また、もうひとつの同床異夢を前提とした〈まつりごと〉を成立させる条件は、同意内容をリジッドにしない（できない）あいまいさを残す事業のプロセスの設計である。これは、「メンバーを特定しない」ことや「詳細な議事録の不在」などの制度的な仕掛けのほかに、言説よりも行為を先行させることや、決まったことでも何度でも話すという、運用によっても作られる。

このあいまいな事業のプロセスは、「お互いが異なる関心を持つ」という緊張関係に自覚的であれば、必ずしもひとつの論理に回収されない「他者」を確保しながら「一時的な同意」を更新し続けざるをえないため、結果的に順応的管理とも親和的である。順応的管理が単なる科学研究の試行錯誤と異なる政策の実践手法として機能しようとするならば、ステイクホルダー間で自然と社会の両面の状況の変化に応じて合意の内容を更新することなどが事前に了承されていたり、あらかじめ手続きに組み込まれていたりしなければならない。一方、あいまいさを孕んだ事業のプロセスはステイクホルダー間で常にその同意内容を確認し、そのなかで再帰的に行為を積み重ねていくことを受け入れざるを得ず、結果的に順応的な対応と同床異夢をもたらしている。また、このようなあいまいさをめぐる緊張関係は、事業における問題設定のフレーミングの妥当性をつねに問い直す力を働かせるために、むしろ、新たな「一時的な同意」を生み出して社会のダイナミズムが生まれる可能性を持つといえるだろう。

このような同床異夢を前提とした〈まつりごと〉は、環境政策が制度化していくことで結果的に生態学的な価値づけが唯一「正しい」ものとして強まる「生態学的ポリティクス」（松村 二〇〇七）への抗いにもなる。同床異夢的な「一時的な同意」の繰り返しにおいては、自然環境への価値づけを含めて各主体が同一化する必要はない。また、協働を進める過程における身体的な行為によって、各主体のもつ価値づけは変化する可能性があるため、たとえば生態学的な論理を持つような専門家の価値づけも変えてしまうこともありうる。それは〈まつりごと〉のなかでステイクホルダー間の関係がつねに変化する可能性を意味するものでもあるが、その自覚はむしろ多様な価値を切り捨てることへの抗いを容易にするだろう。結果的に、同床異夢を前提とした〈まつりごと〉は、自然環境の動態や社会的な変化に応じて多様な主体が多様なまま協働のあり方もダイナミックに動くことを担保するのである。

これらの点から、同床異夢を前提とした〈まつりごと〉は、不安定ではあるが、それゆえに、日常の世界を含めた自然環境への多様な価値づけを尊重しつつ、その動態の不確実性に順応的に対応して協働を続けていく可能性を持っているといえる。それは今後の政策の実現プロセスやそこでの市民参加のあり方の発想を変え、公論形成の場のプロセスを設計していくうえで有益なものになるだろう。

注

＊1 二〇〇二年一二月二日の第一三回検討会では、ボーリング調査の結果によって一〇〇〇年ほど前から水田として利用されている形跡があることが報告された。

＊2 「私は佐賀県の相知という炭坑地帯でございますが、今町政の一番のガンはこの鉱害です。今さら申し上げるまでもなく、洗い炭の被害でございます。何回炭鉱に相談しても馬耳東風であります。（中略）各地に洗い炭が始まりまして、そのボタが河川に捨てられておる。（中略）地元からいかに文句を申しましても、役場から交渉いたしましても全然受け付けてくれません。私の住んでおります近くにも十幾つかの洗い炭設備がごく最近できました。それは松浦川という川のそばにできておりまして、余ったものは全部そこへこずんでおります。（中略）業者はなかなか当局のような紳士じゃございません。どんな法律の違反だって犯しておるのが今までの実態であります」（第二六国会衆議院商工委員会第一〇号、一九五七年三月六日）

＊3 捷水路が完成したのは、二〇〇三年三月である。

＊4 二〇〇七年三月一九日、ススムさんからの聞き取りおよび当時の説明会資料による。ススムさんは、一九四五年生。アザメの瀬の自然再生事業に初期から中心メンバーとしてかかわっている。

＊5 二〇〇六年一〇月八日、ダイスケさんからの聞き取り。当時の武雄河川事務所の職員。

＊6 二〇〇六年一〇月八日、ダイスケさんからの聞き取り。

＊7　二〇〇四年九月六日、タケシさんからの聞き取り。タケシさんは、一九三五年生。魚とりが好きで、今も時折行っている。
＊8　二〇〇九年八月二二日、タカヨシさんからの聞き取り。当時の武雄河川事務所の職員。
＊9　二〇〇六年一〇月八日、ダイスケさんからの聞き取り。
＊10　イッキさんは植物や魚などが好きで、アザメの瀬に積極的にかかわってきた一人である。しかし、最近は体調を崩してしまい、検討会やイベントにはほとんど出られないのだという（二〇〇六年一〇月九日、イッキさんからの聞き取り）。
＊11　二〇〇四年九月六日、オサムさんからの聞き取り。
＊12　二〇〇四年九月六日、オサムさんからの聞き取り。
＊13　二〇〇四年六月一日、ススムさんからの聞き取り。
＊14　たとえば、「ため池のコイつかみ取り　アザメの瀬で堤がえし」（佐賀新聞二〇〇七年一〇月一五日）のように報道もされている。
＊15　二〇〇四年九月三日と四日には、「蕨野の棚田」で「第一〇回全国棚田（千枚田）サミット」が開催されている。
＊16　二〇〇八年二月二二日、マコトさんからの聞き取り。マコトさんは、地元小学校の校長である。
＊17　二〇〇八年二月二三日、セイジさんからの聞き取り。
＊18　二〇〇八年二月二二日、ヤスコさんからの聞き取り。ヤスコさんは地元小学校の教諭。
＊19　二〇〇八年二月二二日、マコトさんからの聞き取り。
＊20　二〇〇八年二月二二日、マコトさんからの聞き取り。
＊21　二〇〇八年二月二二日、ヤスコさんからの聞き取り。
＊22　二〇〇八年二月二三日、セイジさんからの聞き取り。
＊23　二〇〇八年二月二二日、ヤスコさんからの聞き取り。
＊24　二〇〇八年二月二三日、セイジさんからの聞き取り。
＊25　二〇〇八年二月二二日、ヤスコさんからの聞き取り。

＊26　二〇〇八年二月二二日、ヤスコさんからの聞き取り。
＊27　二〇〇七年三月一六日、セイジさんからの聞き取り。
＊28　二〇〇七年三月一九日、ススムさんからの聞き取り。
＊29　二〇〇八年二月二三日、セイジさんからの聞き取り。
＊30　二〇〇八年二月二二日、ヤスコさんからの聞き取り。
＊31　二〇〇七年三月一九日、ススムさんからの聞き取り。
＊32　二〇〇八年二月二二日、ヤスコさんからの聞き取り。
＊33　二〇〇七年三月一九日、ススムさんからの聞き取り。
＊34　もちろん、アザメの瀬の取り組みにおいて「老人会」「婦人会」「育友会」といった既存の自治会組織もかかわっている。しかし、こうした取り組みの中核にあるのは、まぎれもなくアザメの会だといえるだろう。なお、NPOとなったアザメの会の会員数は賛助会員を含めて一〇〇人ほどで、多くは佐里地区を中心とする旧相知町の会員だという（二〇〇七年三月一九日、ススムさんからの聞き取り）。
＊35　二〇〇四年六月一日、ススムさんからの聞き取り。
＊36　二〇〇八年二月二二日、ヤスコさんからの聞き取り。
＊37　二〇〇六年一〇月八日、ダイスケさんからの聞き取り。
＊38　こうした反応があったことは、二〇〇六年一〇月八日のダイスケさんからの聞き取りのほかに、ほぼ同じ内容が二〇〇四年六月一日のススムさん、二〇〇八年二月二三日のセイジさんからも聞き取ることができている。そこからは、アザメの瀬の自然再生事業は、最初から多くの人に好意的に受け止められていたわけではなく、むしろ一種の拒否感をもって受け止められていたことが伺える。
＊39　二〇〇四年六月一日、ススムさんからの聞き取り。
＊40　二〇〇六年一〇月八日、ダイスケさんからの聞き取り。
＊41　二〇〇七年三月一九日、ススムさんからの聞き取り。

＊42　二〇〇八年二月二三日、セイジさんからの聞き取り。
＊43　二〇〇七年三月一九日、ススムさんからの聞き取り。
＊44　法哲学者の小野紀明は、ソフィストの政治哲学を論じる際にカッサン（Cassin）の『詭弁の効用（*L'effet sophistique*）』を引くかたちで、「同意（homologia）とは、完全な意見の一致（unisson）というよりは妥協の産物（coincidence）であり、換言すればそれは偽善（hypocrisie）あるいは同音異義［同床異夢］（homonymie）なのである」と指摘している（小野二〇〇〇：七五）。
＊45　二〇〇六年一〇月八日、ダイスケさんからの聞き取り。
＊46　二〇〇六年一〇月八日、ダイスケさんからの聞き取り。
＊47　二〇〇六年一〇月八日、ダイスケさんからの聞き取り。
＊48　二〇〇九年八月二二日、タカヨシさんからの聞き取り。
＊49　二〇〇七年三月一九日、ススムさんからの聞き取り。
＊50　買収説明会の参加者によれば、堤防を建設しても水田が潰れない場所の地権者は、そもそも先祖伝来の土地の買収に反対だったという。
＊51　二〇〇九年八月二二日、タカヨシさんからの聞き取り。
＊52　二〇〇七年三月一九日、ススムさんからの聞き取り。
＊53　二〇〇九年八月二二日、セイジさんからの聞き取り。
＊54　二〇〇六年一〇月八日、ダイスケさんからの聞き取り。
＊55　二〇〇六年一〇月八日、ダイスケさんからの聞き取り。
＊56　二〇〇四年六月一日、ススムさんからの聞き取り。
＊57　二〇〇七年三月一九日、ススムさんからの聞き取り。
＊58　「第七回川のワークショップでグランプリでしたから。そしたら、なんかグランプリをとって子どもたちも喜んでました。アザメの会の人たちも」（二〇〇八年二月二二日、ヤスコさんからの聞き取り）。

＊59　ただし、身体的な行為を媒介とすることは、逆に身体が体感できる範囲のローカルな空間、（自然環境に比べれば）相対的に短い時間、少ないステイクホルダーのもとでしか成立しないかもしれない、という実践的な課題の裏返しでもある。アザメの瀬は六ヘクタールの元水田という局所的な範囲での事例であり、それが、大河川の流域や気候変動などの、地理的な範囲や、扱う時間の単位、ステイクホルダーの数がより大きな事例で、どこまで有効なのかは今後の検討課題である。

＊60　二〇〇六年一〇月八日、ダイスケさんからの聞き取り。

＊61　二〇〇六年一〇月八日、ダイスケさんからの聞き取り。

# 第5章 〈再生〉の環境倫理

## ——持続的な生態系サービスの享受にむけて

松浦川の恵みを手に取るアザメの会の人びと

本書では、持続可能な社会の構築という観点から自然再生を未来への持続的な生態系サービスの享受をめざす取り組みとして定義し、三つの事例研究を行った。その結果、自然再生を従来のように自然復元（restoration）として考えるのではなく、人と自然のかかわりの〈再生〉（regeneration）として考える必要性を提示した。また、〈再生〉があくまで人の生活と周囲の環境による日常の世界を立脚点にする必要があることから、そのための公論形成のあり方について考察を行った。それを踏まえて、持続的な生態系サービスの享受を実現する望ましい〈再生〉について検討したい。

すこし議論を先取りすると、未来への持続的な生態系サービスの享受を考えていくためには、これまでの生態系サービスをめぐる議論では必ずしも明示的ではなかった二つの問題が浮上する。ひとつは、生態系サービスの享受をめぐる「したたか」さ、すなわち生態系サービスの享受を通じた日常の世界のレジリエンスの問題である。もうひとつは、生態系サービスが誰によって享受されるのかという生態系サービスの分配に関する問題である。望ましい人と自然のかかわりの〈再生〉は、この二つの問題を乗り越えた先に見出せるはずである。

## 1 したたかな生態系サービスの享受とレジリエンス

霞ヶ浦・関川地区における生態系サービスの享受の変化のモノグラフからは、水辺における魚とりや湖の漁業、林野の利用などの特定の生態系サービスの享受の営みと引きかえに、機械化や化学肥料の導入、作付けの変更などのさまざまな工夫によって農業を中心とした営みによって生態系サービスを得ることに大きな労力が払われてきたことがわかる。つまり、湖の環境変化や災害、鳥獣害などの生態系の変化だけでなく、経済事情、技術革新、制度の改廃、世代交代などの社会のダイナミックな変化によって常にもたらされる日常の世界を揺るがす危機に対して、営みを巧みに変化させて、したたかに生態系サービスの享受が行われてきた。

もともと私たちの日常の世界は、生態系と社会の双方のダイナミックな変化によって常に撹乱されかねない、未来への不確実性を抱えた状況にさらされている。順応的管理も完全な予測が不可能で不確実性を孕んだ生態系に社会が対応するために考案された手法だった。それに対して、従来からずっと人びとは日常の世界を保つために巧みに営みを変化させて、したたかに生態系サービスを享受してきた。桜井厚は、近代批判の言説が産業化や市場経済の浸透といった圧倒的な流れによって人びとの日常の世界がどんどん侵食されていった結果と主張することに対し、「現代社会をシステム的世界観の卓越した産業主義システムとしてのみ分析することは、人びとの日常的な世界観を無視することになる」と指摘している（桜井 一九八九：八八）。ここで桜井が見ている人びとの戦略的側面とは、まさに営みを巧みに変化させる人びとのしたたかさと言えるだろう。

したがって、未来への持続的な生態系サービスの享受をめざす取り組みとしての自然再生も、したたかな生態系サービスの享受の一環として位置づけることができる。アザメの瀬の自然再生事業では、水田だったアザメの瀬の買収話が持ち上がるのとほぼ同時期の二〇〇三年三月に地元の佐里小学校が廃校（隣接した学区の小学校に統合）となった（廃校当時の全校生徒数は三七人）[*1]。ミネオさんは、佐里小学校廃校について「部落は学校中心に動くんですよ。部落の運動会とか。地元の小学校というのは、なかなか愛着があるから……。統合については、一〇年ぐらい議論していた[*2]」と小学校の存在を語っている。つまり、アザメの瀬の自然再生事業が始まろうとした時期の地域社会は、河川改修による先祖伝来の農地の喪失と同時に、次世代を担う子どもたちの育成の場としてだけでなく地域社会の軸として機能していた小学校の廃校という日常の世界を揺るがす危機に直面していた。

それに対して、アザメの瀬の自然再生事業の棚田や堤返し、川遊びなどの一連の取り組みは、農地の喪失や小学校の廃校によってもたらされた非日常的な磁場による危機[*3]への対応と見ることができる。実際、アザメの会の基盤となった自治会の範囲（佐里上、佐里下、杉野）はそのまま佐里小学校の校区と重なっている。むしろ、こうした日常の世界の危機への対応策となりうるからこそ地元住民は活動している[*4]。

もっとも、それが過去の行為をモチーフにしていたとしても、取り組みによって享受される生態系サービスはかつてのものとは異なっている。国土交通省や専門家によって持ち込まれた自然再生事業による「生物多様性の保全」は、地域社会の従来の日常の世界からすれば異質な論理でしかない[*5]。しかし、それを検討会や棚田や堤返しなどの身体的な行為を積み重ねるなかでしたたかに読み替えることで、アイデンティティの継承などの新たな生態系サービスの享受を作り出すことに成功しているのである。

このように人びとは異質な論理の読み替えを行ったりしながら不安定で不確実な状況下にある日常の世界を持続させようとしている。こうした「したたか」さが、生態系だけでなく、外部の社会から常に撹乱を受ける日常の世界を持続していく力、すなわちレジリエンスになっている。

望ましい人と自然のかかわりの〈再生〉は、持続的な生態系サービスの享受をするために「したたか」さを発揮させ、日常の世界を持続するためのレジリエンスを高めることによって達成されるだろう。おそらく、これまでの事例研究からレジリエンスを高めるための具体的な課題は二点ある。それは、享受する生態系サービスの豊かさと、その生態系サービスの享受の前提となる社会的媒介の多様さをいかに作り出すかである。

霞ヶ浦における生態系サービスの享受の変化を見ると、水辺やヤマの「崩壊」があったものの、農地による物質的な生態系サービスの享受は決定的には破綻していない。しかし、一方でアイデンティティ継承などの非物質的な生態系サービスを含む「豊かさ」を失うのだとすれば、社会を維持し人びとの日常の世界を持続させることができるだろうか。

特に、アイデンティティの継承などの「未来」にかかわる生態系サービスが失われる場合、そもそも持続可能な社会をめざすというレジリエンスを発揮するための問題設定自体が覆されてしまう可能性がある。アザメの会において活動するセイジさんは、棚田などを中心とした今のアザメの瀬における活動は「子どもがいなかったら励みにならない」、大人たちだけだと、単なる遊びということになって「弱くなる」のだと語っている。[*6] そして、「地域のなかでもいろいろ言う人もいますよ。そんなもん、お前たちが好きなようにやりやがってとか。それはもう、どんな社会にも協力的な人と非協力的な人もいますから。それでも、子どもたちがいるから励みになって」とも続けている。[*7] ここで重要なのは、「子ども」という活動の枠組みが、単にセイジさんの個人的なモチベーションを上げているだけではなく、アザメの瀬の自然再生事業を通じた「生物多様性の保全」の読み替えによる知恵や文化、アイデンティティの継承といった非物質的な生態系サービスの享受を支え、それがアザメの会の取り組みに正統性を付与している点にある。そもそも「子ども」という枠組みが正統性を持つのは、少なくとも日常の生活や知恵、価値、生命などの何らかのものを未来に継承しようとする人びとの意思の存在と不可分である。もしその意思が存在していなければ、それ自体が経済的な利益を生むわけでもないアザメの会の活動が地域社会での正統性を得ることはおそらく難しいし、地元住民が異質な論理の読み替えを行ったりして「したたか」に日常の世界を持続させようとはしないだろう。

この未来に何らかのものを継承しようとする意思の強さが、そもそもレジリエンスが発揮されるかどうかにかかわっているし、享受される生態系サービスの豊かさは、その意思の強さにも関係するだろう。したがって、非物質的なものも含めた豊かな生態系サービスが享受できることは、これまでの生態系サービスの議論において指摘されきた人間の福利（ＱＯＬ）に直接的にかかわるだけでなく、そもそも持続可能な社会を作ろうとする意思を担保することになる。

それでは、豊かな生態系サービスの享受には何が必要なのだろうか。すでにその基盤として生物多様性があることは国連ミレニアム生態系評価（ＭＡ）をはじめとして数多く指摘されている。しかし、第一章で整理したように生物多様性が豊かであることと豊かな生態系サービスが享受できることは必ずしも同じではないことが大きなポイントになる。

たとえば、霞ヶ浦での水辺の利用は、水辺の生物多様性が失われ、開発によって生態系としての水辺がなくなったから廃れたわけではない。水辺が利用されなくなったのは、水辺を利用するための技術や技能あるいは食文化などを持ち、食料や肥料などの生態系サービスを引き出すことができる担い手という社会的媒介を失ったからである。モクとりや魚とりなどの水辺の多様な生態系サービスの享受は、一九八〇年代の土地改良や大規模な築堤によって自然環境自体が消滅するはるか前の、一九六〇年代の高度経済成長期に農業を中心とした生態系サービスの享受のあり方が変化したことによって徐々に消滅していった。その結果、利用のための技術や技能、文化などは急速に衰えてしまう。シゲヨシさんは、自分は野山を駆けずりまわっていろいろなことを体で覚えているが、今の子どもたちは知識としては知っていても体で覚えていないので、やってみることができないと話す。以前に学校から頼まれて先生と一緒に五〜六人の子どもと釣りに行ったときにも「やったことがあるものならば、だいたい魚のいそうな場所というのは見当つく……というか、潜んでいるようなところを見分けるような勘があるわけだが」、子どもたちにはそれがわからなかったという。そして「思うところに（仕掛けを）投げられないんだな、そして草を引っ掛けてしまって外れなくなってしまった。それだからお話にならない」と話している。[*8]

ＭＡにおいて技術や文化は「文化的サービス」という結果として位置づけられているのみであるが、実際の生態系サービスの享受の現場を見ると、技術や文化などは、明らかに生態系サービスの享受の前提となる社会的媒介として機能していることがわかる。少なくとも、前提となる担い手や技術、技能、文化などの社会的媒介が持続されなければ特定の生態系サービスの享受は持続できない。これを第一章の図１－３に加えると図５－１のようになる。

この社会的媒介が多様にあることが、豊かな生態系サービスの享受を担保する要件となる。たとえば霞ヶ浦の水辺の生態系サービスは、単純に「魚」や「モク」などの食糧や肥料などの物質的なサービスだけでなく、営みへの思い入れや楽しみ、水に関する信仰などの非物質的なサービスを含んでいた。また、水田やその周辺の水路も水辺の一部であり、農業による生態系サービスの享受とも不可分の関係にあった。こうした豊かな生態系サービスの享受は、魚とりに関する技術や技能が各個人の工夫によって異なっていることや、家ごとに異なる食文化や信仰、湿田の農法などの多様な社会的媒介が存在することによって維持されていた。このように、豊かな生態系サービスは、生物多様性と多様な社会的媒介の双方がなければ享受できないと考えられる。図５－２はその関係を概念的に表したものである。

また、多様な社会的媒介があることは、生態系サービスの享受の選択肢を増やすことで、日常の世界のレジリエンスに貢献することができる。たとえば、アザメの瀬における新たに作った棚田の耕作や堤返しなどの営みは、アイデンティティの継承などの新たな生態系サービスの享受となっている。こうした新たな生態系サービスの享受が可能になったのは、それまで農業や川遊びなどで培ってきた魚とりや水田耕作などの技術や技能、文化といった社会的媒介が地元住民に保持されていたからにほかならない。この社会的媒介が途絶えてしまえば、現在のような新しい生態系サービスの享受も不可能になっただろう。つまり、多様な技術や技能、文化の担い手が存在することは、それを「流用」して異なる生態系サービスの享受を行うことができる可能性を高めることにつながる。これは、そのときの生態系や社会の状況に順応的に生態系サービスの享受の営みを変化させることでもあり、日常の世界を持続させるレジリエンスを高めることになる。

だからこそ、自然再生は生態系の状態を示すひとつの目安である生物多様性にのみ眼を奪われてしまってはならない。むしろ、豊かな生態系サービスの享受の前提となる技術や技能、文化の担い手といった社会的媒介を多様にしていくことも達成する必要がある。[*9]

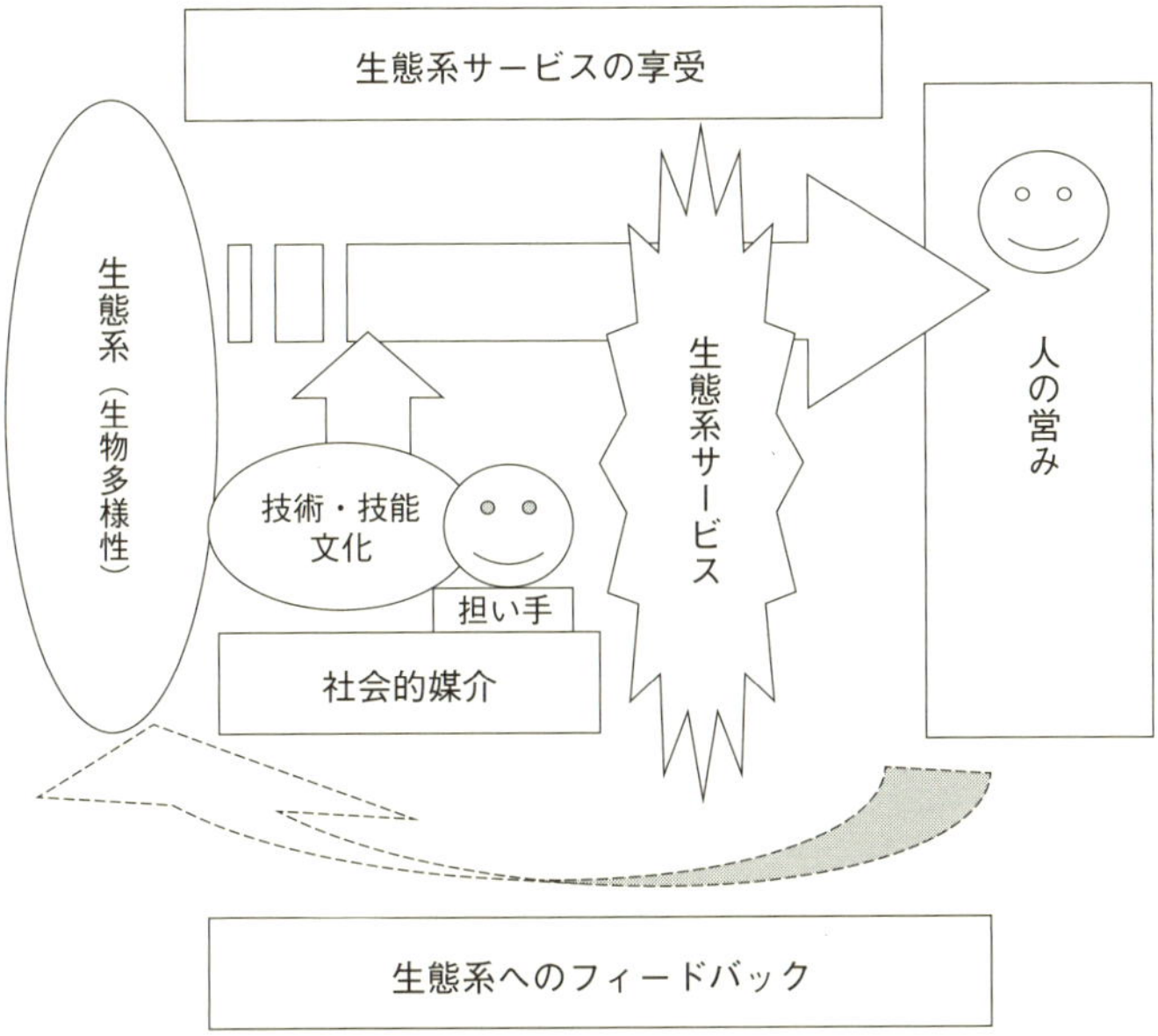


図５－１　社会的媒介と生態系サービスの享受

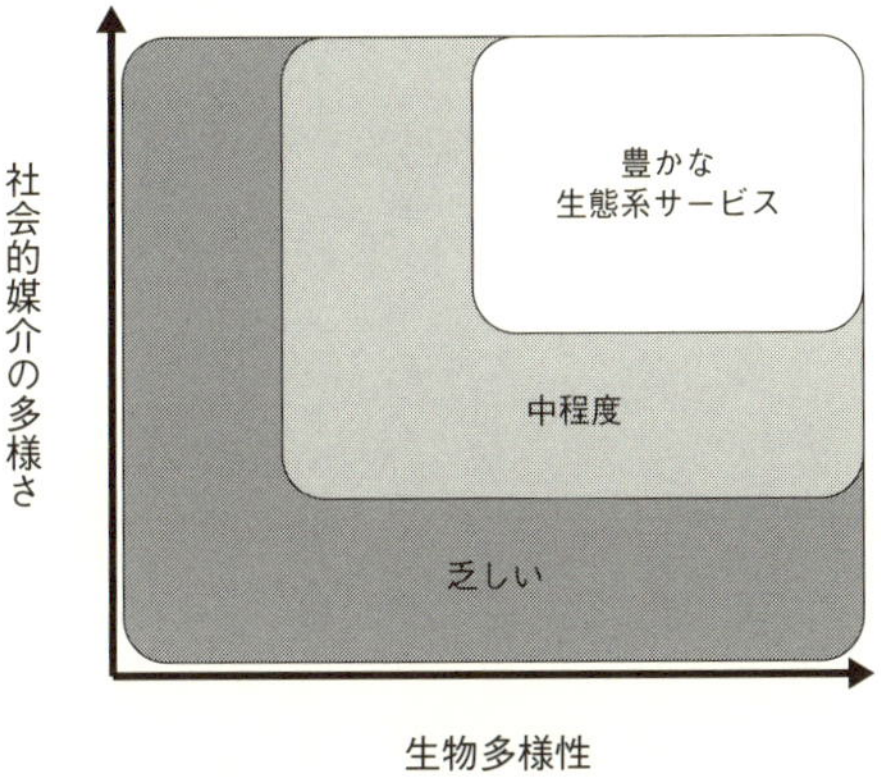


図５－２　豊かな生態系サービスを支える
生物多様性と社会の媒介の多様さ

## 2　生態系サービスと環境リスクの分配

しかし、前節のように豊かな生態系サービスの享受とレジリエンスの存在を問うだけでは、生態系サービスの分配（distribution）を等閑視してしまう恐れがある。アザメの瀬の例でも、自然と社会が変化していくなかで、巧みに営みを変化させてしたたかに生態系サービスを享受してきたことがわかる。しかし、アザメの瀬における河川改修や小学校の閉校のようにそもそも前提となる自然と社会の変化や、それに伴って変形された営みの結果として、生態系サービスの分配が公正なものなのかは別問題である。もちろん、人びとの日常の世界を持続させるために、自然再生によってレジリエンスを高めることは重要である。しかし、その人びとが置かれている状況が公正なものかどうかを問わなければ、むしろレジリエンスの強化は、既存の日常の世界の不公正を放置したり強化したりしてしまう可能性がある。

たとえば、霞ヶ浦の漁業者のケイイチさんは、戦後の霞ヶ浦の環境変化や経済的な状況の変化、コイヘルペス病の発生などさまざまな状況に翻弄されつつも、霞ヶ浦という湖とともに生きている一人である。ケイイチさんは、水資源開発がさかんに行われていたころ「こういう水が使えるのか」とアオコでドロドロの水を持って環境庁長官に抗議しに行き、コイやシジミが大量死したときには死んだシジミをトラックに載せて茨城県庁前に撒くなどの行動を起こしてきた。そして、魚も多く湖の水が「飲めるほど」きれいだった霞ヶ浦の変化によって「水産業もそこで終わりだ」と思うほど追い詰められてもなお、湖とともに生きることをやめなかった。[*10] そこには日常の世界を持続させるレジリエンスがある一方で、湖のさまざまな営み、記憶、景色、魚などを未来に継承することが叶わなかった無念さもある。そこには「漁業の経済的損害」とは次元の異なる、交換不可能で集計されることのない固有の「傷み」(最首 一九九二、川本 二〇〇八)がうかがえる。これまで明らかにしてきた水辺とのかかわりに関する調査においても、営みが変化したことを惜しみつつも「時代の流れで仕方なかった」と複雑な思いで振り返る人は多かった。

このことに目を向けるためには、「誰に」どんな生態系サービスが分配されているのかを問うことが必要である。国連ミレニアム生態系評価でもシナリオ分析が行われ、シナリオごとに「先進国」と「発展途上国」で享受できる生態系サービスの量や質が異なることが判明しているが[*11] (Millennium Ecosystem Assessment 2005=2007: 130)、同様のことはよりローカルな範囲においても起こりうる。それは個人レベルなのか、地域社会レベルなのか、国家レベルなのかなどの重層性を持っているが、生態系サービスが具体的な機能である以上、それを享受する誰か具体的な主体が必ず存在し、人類すべてが同じように生態系サービスを享受するわけではない。

この観点から霞ヶ浦の生態系サービスの享受の変遷を見ると、第二章でも指摘したように主に地元住民によって多様な生態系サービスが享受されているという分配のかたちから、国家レベルで食糧や水資源などの特定のものに特化した生態系サービスが享受されるという分配のかたちへと変化している。その過程で、農業では効率化や機械化、林野利用の放棄などが発生して生態系も人の営みも変化した。また、ほぼ同時に魚や精神的価値などの他の水辺の生態系サービスを犠牲にするかたちで、広域の農業用水や工業用水、あるいは首都圏の上水道などの「水」という生態系サービスに特化して享受する水資源開発が進行し、湖の生態系も人の営みも大きく変化した。

共通するのは、日常の世界を離れた国家レベルの判断や価値づけによって享受すべき生態系サービスや分配のかたちが政治的に取捨選択され、それによって農作物や水資源といった特定の生態系サービスの分配が強化されている点である。たとえば、補償問題が存在したことから、漁業と水資源開発がトレードオフに近い関係にあることは当初から認識されていたことがわかる。しかし、それでも水資源という生態系サービスの享受の強化は国家的な事業として推進された。そのなかで水辺の魚とりや湖の漁業などの技術や文化は衰退し、あるいはその生態系サービスの受益者も減少した。一方で水資源などの地域外のより広い範囲の受益者が増大し、地域内での生態系サービスの享受が少なくなる傾向が生じた。農業においても、農家は農産物を生産しているが、それを直接食糧という生態系サービスとして享受するのではなく、貨幣へと変換したうえで何らかの便益を享受するという間接的な享受への依存度が大幅に強まった。この生態系サービスの分配や享受のかたちの変化によって、地元住民は霞ヶ浦の生態系サービスの享受から遠ざけられるかたちで営みを変化させた、あるいは変化させざるをえなかったと言えるだろう。そこに「傷み」が生じうる。

この「傷み」は単に営みが不本意に振り回されたということだけではない。水辺の魚とりなどが衰退し農業が産業化するなかで、生態系サービスの享受の営みにかかわる担い手とその技術や技能、あるいは文化などの社会的媒介自体や、その多様さが未来に継承できなかったことでもあるだろう。国家レベルでは水資源や食糧などの新たな生態系サービスが享受できるようになった一方で、地域社会のレベルでは日常の世界を維持するために享受できる生態系サービスの豊かさや、そもそもの生態系サービスの享受の前提となる社会的媒介を失ってきた、あるいは失なわざるをえなかった歴史的な経緯が見えてくる。とくに社会的媒介を失うことは、前節でも指摘したように、生態系サービスの享受自体を不可能にし、日常の世界のレジリエンスを弱体化させるために、生物多様性を失うことと同じく深刻な問題となる。*12

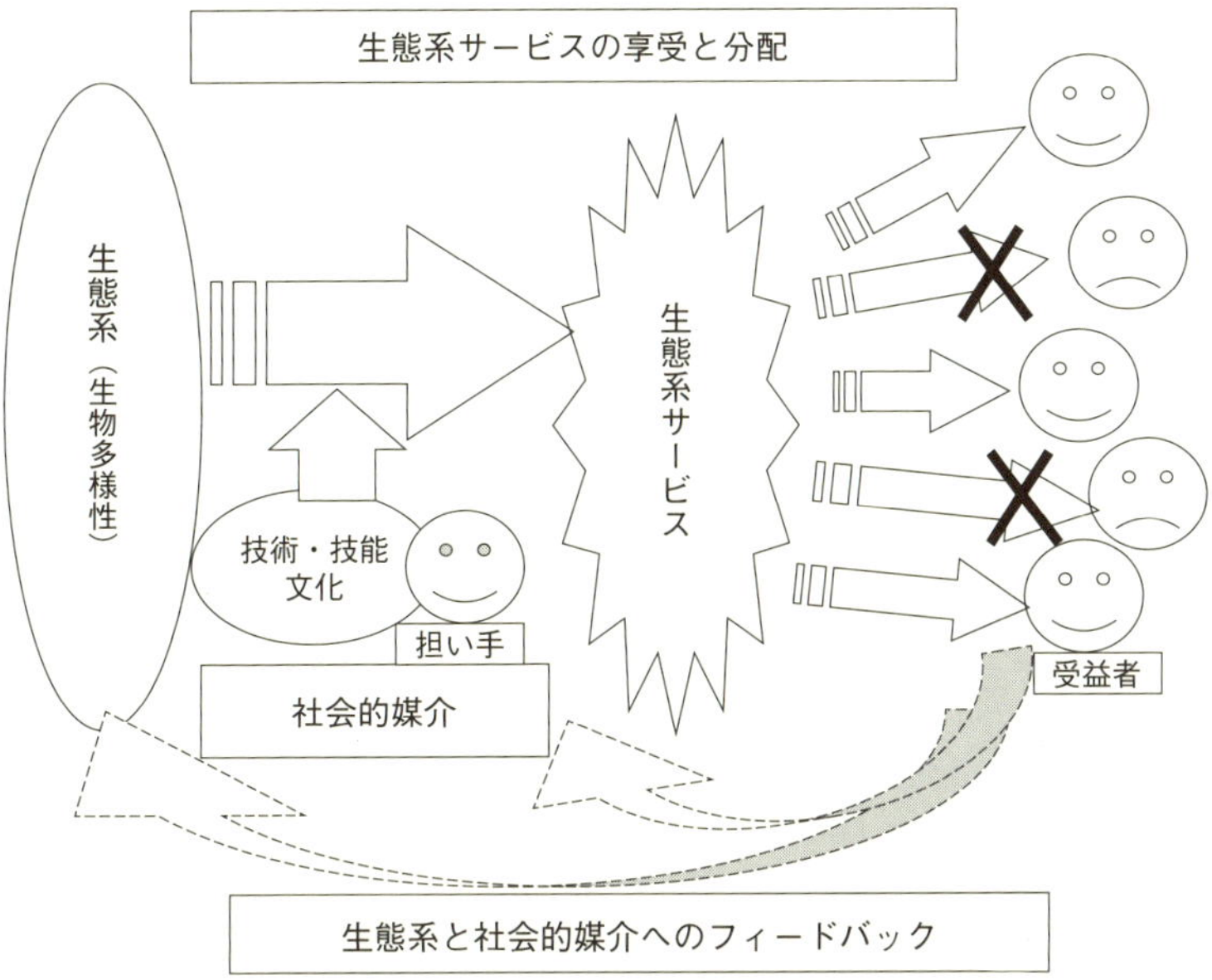


図５－３　生態系サービスの享受とその分配

こうした歴史的文脈から地元住民が豊かな生態系サービスの享受ができなくなってきたことをふまえれば、レジリエンスだけでなく、生態系サービスの享受の前提となる社会的媒介の変化を含めて分配の公正さを問わなくてはならない。生態系サービスの分配を図５－１にさらに加えると図５－３のようになるだろう。自然再生事業であっても、生態系サービスの享受を地元住民の手に戻す可能性を持たなくては、これまでの水資源開発などの生態系サービスの享受の分配の延長線上でしかなく、公正な生態系サービスの分配かどうかには疑問が残る。

また、分配の問題をあつかうに当たっては環境リスクとあわせた議論も必要だろう。人と自然のかかわりには、自然の恵みとしての生態系サービスの享受だけでなく、風水害や地震、鳥獣害などの日常の世界を揺さぶる自然の禍としての環境リスクが存在する。しかも、順応的管理が示すように、生態系の変化の完全な予測は不可能で不確実性を孕んでいる。そのため、環境リスクも事前にすべてを予測して避けることはできず、自然とのかかわりには恵みと禍の両面が存在することを受け入れざるをえない。すなわち人と自然のかかわりにおいても生態系サービスと環境リスクの双方の存在を考えざるをえない。*[13]

霞ヶ浦では自然再生事業によって「生物多様性の保全」による精神的な価値などの生態系サービスが地域外の主体によって享受された一方、事業によって発生した粗朶の流出や鳥獣害の発生などの環境リスクを地域社会に押し付ける結果になってしまった。つまり、生態系サービスの享受が食糧の流通や観光などのかたちで地理的に広い範囲で行われやすいのに対して、自然災害や鳥獣害などの環境リスクは地理的に狭い範囲に集中する傾向がある。そのため地理的に遠い人間は深刻な環境リスクを引き受けることなく生態系サービスを享受するフリーライダー（ただ乗り）となりやすい。しかも単なるフリーライダーではなく、水資源開発に顕著なようにある人びとの生態系サービスの享受が、生物多様性や社会的媒介にフィードバックされるかたちで別の人びとの生態系サービスの享受を変化させてしまう「とばっちり」が発生しやすい。粗朶消波堤の問題が地元住民に非常にネガティブに捉えられたのは、この生態系サービスと環境リスクの分配の理不尽さが根底にあると見てよいだろう。したがって、生態系サービスと環境リスクの分配を議論する際には、環境リスクを引き受けざるをえないことが多いローカルな主体を重視する必要がある。

ただし、こうした分配において大きな困難となるのは、そもそも豊かな生態系サービスは、食糧などの物質的なものだけではなく、精神的な価値などの非物質的なものをも含む点にある。環境リスクも、たとえば獣害は単に農作物の金銭的な物質的被害だけでなく、精神的な落胆などの非物質的な被害も含んでいる（鈴木二〇〇八）。これらの多様な生態系サービスのなかには貨幣や他の便益と交換可能なものだけでなく、稀少な文化財や生命、精神的価値、アイデンティティの継承など、実質的に交換不可能なものも含まれている。

生態系サービスや環境リスクがそれぞれ貨幣や他の便益と交換可能であれば、その双方を比較考量し生態系サービスや環境リスクを「補償」など何らかのかたちであがなうことも可能になるし、その分配を再構築するにあたってもデザインしやすいだろう。ところが、災害の被害や霞ヶ浦の漁業者の「傷み」など、とくに生命や健康、精神的な価値やアイデンティティにかかわる交換不可能な生態系サービスや環境リスクの分配は、貨幣による補償や、他の生態系サービスによってあがなうことは難しい。つまり、自然再生が直面する生態系サービスと環境リスクの分配における最大の問題は、ローカルな享受の主体を重視するという評価の指針を設けたとしても、人の「傷み」のように比較考量あるいは交換の不可能なものが少なくないという点である。自然再生によって未来の日常の世界のレジリエンスを高めようと取り組んでも、生態系サービスや環境リスクの分配をめぐる理不尽さの積み重ねは直接あがなうことが不可能なことも多い。そのため、三浦耕吉郎が「構造的差別」と呼んだような、過去もしくは現在に発生し現在も発生し続けている不公正を存続させてしまう可能性を常に孕んでいる（三浦 二〇〇五）。

したがって、望ましい〈再生〉は、歴史的経緯による理不尽の発生をふまえたうえで、生態系サービスや環境リスクのより公正な分配を再構築する必要がある。自然再生によって日常の世界のレジリエンスを高めることは、それを前提に正当化されうるのである。

## 3 〈まつりごと〉を通じた納得

しかし、自然再生によって生態系サービスの分配と環境リスクの分配を再構築し、レジリエンスを高めることは簡単ではない。まず、ダイナミックに変動する生態系と社会においては未来の不確実性がある。生態系サービスの享受が確実に持続するという保証はないし、環境リスクの発生も完全に予測することができない。また、仮に生態系サービスの享受の危機や環境リスクが認知されたとしても、それが交換不可能な価値や「傷み」を多分に含んでいて比較考量できないこともある。その意味で、人と人の間には交換できない価値や「傷み」があるという意味で断絶が存在している。

おそらく、未来の不確実性にせよ、交換不可能な価値や「傷み」をめぐる人と人の断絶にせよ、それらを直接解消することはできないだろう。順応的管理が提唱され始めたのも、未来の完全な予測が不可能であるという科学的な知見から出発している。また、経済学で用いられるＣＶＭ（仮想的市場評価法）は（交換不可能な価値を含めて）市場で交換可能な貨幣に基づいた評価をすることで、逆説的に交換不可能な価値や「傷み」の存在を浮き彫りにしているように思われる。しかし、それでも未来にむけて生態系サービスの享受を持続させ、とくにローカルな主体の日常の世界のレジリエンスを高めていくこと自体は、持続可能な社会を構築するうえで不可欠である。ボストンの貧困を抱えたコミュニティにおける環境正義運動について分析しているアジェマンは、今後の課題として現在発生している不公正などに対応する「受身的な（reactive）」取り組みだけでなく、「その先をどうするか」という未来の姿について考える「先取的な（proactive）」取り組みも行われてこそ、望ましい持続可能性が達成されるとしている（Agyeman 2005）。そのためには、直面するこれらの不確実性や人と人の間の断絶自体を解消するのではなく、それらが完全にはあがなえないことを前提に不確実性のリスクや過去の理不尽の棚上げをする必要があるのではないだろうか（もちろん生態系サービスの分配と環境リスクの分配の双方を常に問わねばならないが）。

注目したいのは、時としてこの種の棚上げが納得される場合がある点である。もともと自然再生に限らず人びとは予測不可能な未来や交換不可能な価値や「傷み」を抱えながらも日常の世界を未来に持続させるために自然と社会の変化にしたたかに対応し生き抜いてきた。アザメの瀬でも、検討会において「失敗したらやり直そうよ」という予想通りの結果が得られない可能性がある未来のリスクが納得された。この納得は「親からもらった田んなかやった（筆者注：田んぼだったので）けんですね、手放しはしたがやなった（筆者注：手放したくなかった）やけんけど……」*14と複雑な思いを持つ人もいるなど、これまでの水田にかかわる生態系サービスや水害などの環境リスクの分配や未来の不確実性が完全に受け入れられたうえでの論理的な合意ではない。つまり、過去から続く生態系サービスと環境リスクの分配をめぐる理不尽や未来の不確実性を解消できなくても、それを棚上げする納得が行われているのである。サルトルは、自らの従軍中の日記で、第二次世界大戦に従軍することで身に起こることを受け入れ（accepter）るのではなく、引き受ける（assumer）ることで責任を取り、自ら「共犯者」となっていることを書き記した（Sartre 1983=1985）。同様に、人びとにとってアザメの瀬の自然再生事業に納得し、参画していくことは、これから起こる未来への「共犯者」となることを納得することを意味しただろう。

このように人びとが未来への「共犯者」となるには、日常の世界を持続させる算段をふまえて過去から続く理不尽や未来のリスクの棚上げに納得をする〈まつりごと〉が必要だと思われる。

まず、算段については、アザメの瀬においても、自然再生によって「子ども」という次世代にむけた新たな生態系サービスの享受を作ることによって、日常の世界を持続させる算段をつけようとしたといえるだろう。もちろん、これは自然再生に限ったことではない。前節でも紹介した霞ヶ浦の漁業者のケイイチさんは、一九五五年ごろに本格的に漁を始めたが、そのころ数年間だけメソというウナギの稚魚が大量に捕れた時期があり、かなりよい収入源となっていた。しかし、このメソは一九六〇年ごろにはすっかり捕れなくなった。そのため、コイの潜水漁を小貝川の漁業者から習ったり、淡水真珠の母貝のイケチョウガイ漁をやったりした。その後一九六五年ごろから、常陸川水門をはじめとする開発事業の進展にともなって行政の指導があり、網生簀によるコイ養殖を始めたという。このころは霞ヶ浦の水資源開発やアオコの大発生など霞ヶ浦の自然環境に大きな変化があった時期でもあった。それでも中国などに販路を拡大しつつコイ養殖を続けていたが、二〇〇三年のコイヘルペスウイルス病によって休業状態となってしまった。しかし、それでも湖で大量に漁獲されるようになった外来魚のハクレンに目をつけ、魚粉などの商品化ができないかどうかを試している。この履歴はまさに状況に応じて試行錯誤を繰り返していく順応的なものである。そして、明らかに設備投資などでリスクを負う覚悟をしながらも、「なんといっても魚とりは面白いからな」と「傷み」を受けるだけでなく魚とかかわりながら生き続けることにしたかにこだわってきた。[*15] その結果、開発事業などによる湖の生態系の変化や経済事情などの社会の変化に応じて、さまざまな技術や人間関係、価値観などを取り入れて巧みに操業形態を工夫しながら日常の世界を持続させる算段をつけてきた。人生においては当たり前のことかもしれないが、その場の状況に応じて、人びとは時に「傷み」やリスクを負うことを納得して、日常の世界を持続させてきたのである。

このとき、生態系や社会についての科学的な知見や経験的な知恵からの未来の予測は、日常の世界を持続させる算段をつけるうえで重要な判断材料になる。たとえば、自然再生事業を行うことによって、どのような生態系サービスの享受が可能になり、どのような環境リスクが生じるのかを示すことは、地元住民が日常の世界を持続させる算段に自然再生事業を組み込めるかどうかの判断材料になる。とくに、ある生態系サービスの享受が別の生態系サービスの享受とトレードオフになったり、不可逆かつ深刻な影響を及ぼす環境リスクを生じさせたりする予測がある場合の判断は慎重になるだろう。

しかし、単に算段だけでは納得には至らない。どんなに綿密なデータに基づいた未来への算段でも、確実にそれが成功するという保証はない。むしろ、それ以前の過去の生態系サービスや環境リスクの分配をめぐる人びとの間での共有できない断絶も含めて、それを棚上げすることを納得できることが必要になる。霞ヶ浦において粗朶流出が大きな事件となったのは、自然再生事業の算段を支える科学的な知見の精度の問題ではなく、粗朶消波堤のリスクの棚上げが納得できるプロセスを欠いたことが、自然再生事業が人びとに環境リスクの理不尽な分配として認識されてしまったからだと考えられる。[*16] その納得を得るプロセスが〈まつりごと〉だと言える。

たとえば、アザメの瀬では、検討会を含めた事業のプロセスが〈まつりごと〉に相当していた。検討会は「やったという、相手の顔を見たという、そんぐらいのレベルですよ。ぜんぜん進まないときもあるし、後退することもある。それでもやる、集まることに意義がある」と語られているように、まずは人びとが集まるという身体的な行為を共有して蓄積すること自体に意味があった。その集まったなかで、最初は何かを決定するというよりも「ここでは、昔田んぼがあったときには魚が入ってきて、魚が入ってくるのは産卵のためと、避難のために入ってきよったからなーとか。自分たちも食べたりしよったのにねー」というような、河川改修によって手放すことになった先祖伝来の水田の話や魚とりなどの話をまずは聴くことに徹していたのである。[*17]

様々な人の話を聴くことは、もちろん自然再生事業を計画する際の情報収集やステイクホルダー間の情報共有としての機能を持つが、もともと個々人から話を聴き、語られる過去や未来に継承したいものに思いをはせる行為そのものが、過去の生態系サービスと環境リスクの分配の理不尽や未来のリスクを棚上げにすることを納得する〈まつりごと〉になりうる。もちろん公論形式の場としての検討会で話を聴くだけでなく、「お祭り」としての提返しや棚田の作業、川遊びなども、過去や未来に思いをはせる場になっていた。たとえば、水俣の環境再生においても、「火のまつり」に代表される過去の公害被害へ思いをはせる祈りの〈まつりごと〉がその原点となった（吉本 一九九五：九〇）。過去の「傷み」を直接あがなうことができないからこそ、そこへの祈りとその共有をしていく〈まつりごと〉を欠いては、〈再生〉による棚上げを納得することはできないのである。また、こうした過去に思いをはせ続けることは、ある種の文化的な継承でもあり、レジリエンスの発揮以前に未来に何かを継承しようとする意思を担保し、精神的価値などの未来にかかわる生態系サービスの享受でもある。

アザメの瀬では、国土交通省の職員が検討会に出席する際の心がまえについて「僕らが（筆者注：心の）敷居を低くしなきゃいけないんですよ。どっちかというと。そして、地元の人たちは、こちらのことをちゃんと見てますもんね。ちゃんとやっぱり。僕らが言うんじゃないんだけど、信用問題かな」[*18]と話すように、専門家や行政職員、地元住民といった立場を超えた過去の思いと算段を共有する〈まつりごと〉を通じて、過去の理不尽と未来へのリスクを棚上げする納得をしていった。この〈まつりごと〉を通じた納得は単に過去の断絶の棚上げだけでなく、未来の日常の世界の算段をつけるための政治的な駆け引きも行いながら、交換不可能な人の間の断絶に折り合いをつけていくプロセスによって得られる。沖宿地区では協議会が存在しても特定の問題設定に囚われることで、話を聴いて納得するという〈まつりごと〉の場をつくることができなかった。おそらく、自然再生に限らず新しい生態系サービスの享受をめざすさまざまな取り組みは、何らかの〈まつりごと〉を必要とするのではないか。

このとき農学や工学、保全生態学といった科学技術は、単なる知識の蓄積ではなく、明らかに〈まつりごと〉において政治的な力を持つものとみなされることに注意する必要がある。たとえば、自然再生事業においてもよく用いられる保全生態学は「生物多様性の保全による持続可能性」を実現することを目的にしている（鷲谷ほか二〇〇五、鷲谷 一九九六）。すなわち「生物多様性の保全による持続可能性」という未来に対する価値づけをもともと内包している。[*19]

そのため、専門家個人の内心とは関係なく、保全生態学的な知見から繰り出される取り組みは特定の価値に基づく政治的な立場の表明という効果を持ってしまう。ところが多くの場合、保全生態学的に語られる「生物多様性の保全による持続可能性」のような未来に対する価値づけを人びとが一致して共有していることは稀である。このことが自覚されないまま自然再生事業が行われると、現場の人びとから無視されてしまうか思わぬ反発を招くことになってしまう。とくに環境運動ではこうした事態は決して珍しいものではなかったが、保全生態学は、「生物多様性の保全」という観点から国家的な政策をも動かし始めており、こうした地元住民の無視や反発などを抑圧するかたちで政策を実行することが可能になり始めている。

そうなってしまうと自然再生協議会のような「公論形成」の場は、〈まつりごと〉を通じた納得ではなく、単なる抑圧の場として機能し、生態系サービスや環境リスクの公正な分配が達成されることはない。それが多様な主体の未来に何かを継承しようとする意思を挫き、日常の世界を持続させるレジリエンスを弱めてしまうことで、持続可能性を失うという逆説的な結果を招くことになりかねない。そこに保全生態学や環境学、農学、工学などの特定の価値を内包した科学技術が抱える宿命的な危うさがある。そのため、専門家はつかさどる科学技術がもともと価値を内包し、かつ自身もまた〈まつりごと〉における一員であることを念頭において立ち振る舞わなければならない。

まとめよう。望ましい〈再生〉は、第一に持続的な生態系サービスの享受において常に変化しつづける生態系と社会のなかで「したたか」さを発揮させることに寄与し、日常の世界を順応的に持続するためのレジリエンスを高めることが必要である。具体的な課題としては、非物質的なものを含む豊かな生態系サービスの享受とその前提となる担い手や技術、技能、文化といった社会的媒介の多様さを確保していくことがあげられる。

また、公論形成の場においても従来のように、政策の立案者や専門家が持続するべき日常の世界の姿や生態系サービスの分配や環境リスクの分配に関する問題設定を科学知に基づいて先に行い、その受容を（リスクをもっとも負う結果になる）地元住民に迫るプロセスでは日常の世界における生態系サービスの享受を問い直すことはできない。むしろ、「お祭り」や顔合せなどの身体的な行為も伴いながら実際に地元住民がどのような工夫をしながら日常の世界を持続させているのかという算段を知り、過去の思いを共有する〈まつりごと〉を通じて、自然再生事業を受け入れる納得ができるような事業プロセスへの発想の転換が必要だろう。

このように持続的な生態系サービスの享受のための〈まつりごと〉を通じた納得のプロセスを設計することによって、自然再生事業は、スタティックな過去の生態系の復元（restoration）ではなく、未来にむけた人と自然のかかわりの望ましい〈再生〉（regenaration）となる。この〈再生〉は、生態系や社会のダイナミクスに対応しながら、新たな「人と自然のかかわり」を生み出していく——再び生まれる——不断のプロセスとなるだろう。

ここで改めて突きつけられるのは、私たちが自然の恵み（生態系サービス）と自然の禍（環境リスク）をふまえて、人がどのように自然と向き合い、どのような社会をつくって生きていくべきかという問いである。緒方正人は、自身も水俣病の被害者として運動を行っていくなかで、加害者とは何かを考え、「狂いに狂い」考えた末に、「チッソ化」したシステムが、社会や自分自身にも浸透し、それが結果的に自然を蝕み、自分自身の身体をも蝕んだということ、すなわち「チッソは私であった」ことにたどりついた（緒方 二〇〇一）。この絞り出されるような緒方の言葉を考えるとき、私たちが自然の恵みを享受し続け日常の世界を持続させることへの今日の困難が、深く人間の社会のあり方に根差していることを痛切に感じざるをえない。それを乗り越えようとするのは決して容易ではないが、未来にむけた〈再生〉は、その言葉に答える一歩となるのではないだろうか。

## 4　参加型調査の可能性——納得のプロセスを設計するために

最後に、具体的な納得のプロセスを設計するための方策のひとつとして、参加型調査の可能性について検討しておきたい。

これまでも水俣や東北地方などで始まった「地元学」（吉本 一九九五、結城 二〇〇九）や、宍塚大池におけるライフヒストリーの聞き書きの蓄積（宍塚の自然と歴史の会 一九九九、二〇〇五）、琵琶湖流域におけるホタルや水辺に関する調査である「ホタルダス」（水と文化研究会 二〇〇〇）など、その調査結果の詳細さも含めて高く評価される参加型調査が存在してきた。近年では、保全生態学でも参加型調査が注目されていたり（鷲谷・鬼頭 二〇〇七）、日本自然保護協会でも持続可能な社会を地元住民とともに人と自然の触れあいから学ぼうとする「人と自然のふれあい調査」（ＮＡＣＳ－Ｊふれあい調査委員会 二〇一〇）が行われたりするなど、さまざまな実践が行われている。参加型調査によって地域社会において埋もれている経験的な知恵を掘り起こしたり、専門家だけではカバーできない面的な情報を集めたりすることは、自然再生事業などにおいて未来への算段をつけるうえで、有益な情報を提供することになるだろう。

しかし、参加型調査が「参加型」であることのより本質的な意味は、調査によって単に「玄人はだし」の詳細な結果をまとめることができることだけではない（丸山二〇〇七）。

たとえば、宍塚大池では、その聞き書きの蓄積や活動を通じて、環境運動を行っている人間と、宍塚に以前から暮らしていた人びととの交流が新たに生まれたことに大きな特徴がある。これは、人と人の間の交流が生まれるという参加型調査の特質である。似田貝香門は、阪神大震災の被災者への支援活動の分析から、声を「〈聴く〉という行為は、自己と異なる、他者と出会っているのである。あるいは他者を経験することを余儀なくされているのである」（似田貝二〇〇六：二五）と指摘している。人から個別のライフヒストリーや話を真摯に聞けば聞くほど、参加者は自分とは違う「他者」と出会い、「調査」という名目ではあるが、参加者は他の人間と出会い、会話を交わし、その経験を積み重ねていくことになる。ウェルマンによって「社会的連帯というものは（中略）ともに協調的な活動を行った結果として生じる」（Wellman 1979=2006: 188）と指摘されているように、聞き取りなどの調査も、それを通じた人と人の交流が生まれるならばひとつの協調的な行動になり、社会的連帯を生む可能性を持つ。また、人と人が交流し、言葉を交わすことで、お互いに相手がどんな人間であり、どんなことを考えているのかを知ることができる。これも当該社会におけるある種の経験的な知恵を蓄積していくことになる。

別の言い方をすれば、参加型調査は社会関係資本（social capital）の蓄積プロセスとしても捉えることができるだろう（Putnam 1993=2001）。この社会関係資本は、人的なネットワークと、そのネットワークの基盤となる信頼とで構成されている（諸富 二〇〇三）。そして、この社会関係資本の蓄積が乏しければ、いくらそこに制度や社会的なインフラ、自然物を投入しても得られる機能は貧しくなってしまう。自然再生事業におきかえていえば、いかに資金や技術、専門家などを動員して順応的管理を伴う「立派」な事業を行っても、日常の営みとの接点を持つ機会に恵まれずに、豊かな生態系サービスの享受が行えないということになるだろう。それどころか、自然再生事業の社会的な正統性が失われれば、「失敗」が責められることで順応的管理が機能する間もなく事業が頓挫してしまう可能性すらある。日本生態学会が出した「自然再生事業方針」における「相互に一定の信頼関係が築かれていることが重要である」（日本生態学会生態系管理専門委員会 二〇〇五：七四）という指摘は、納得とそれを支える社会関係資本の重要性が経験的に認識されていることの表れと言えるだろう。

アザメの瀬の検討会が、「やったという、相手の顔を見たという、そんぐらいのレベルですよ。ぜんぜん進まないときもあるし、後退することもある。それでもやる、集まることに意義がある」[*20]と語られているのは、検討会という場が、人びとの交流を生む場として意識されていることを示しているといえるだろう。だからこそ、検討会は「納得」を得る〈まつりごと〉の場の一つとして機能している。そうだとすれば、人と人が交流する契機である参加型調査もそれ自体が〈まつりごと〉の場として機能する可能性を持っている。したがって、同じ参加型調査であっても、単なる専門家の知識の補完や知識の啓蒙の場としてデザインされるのか、人と人の交流の契機としての〈まつりごと〉の場としてデザインされるのかによって、その意味は大きく異なっている。

また、もうひとつ重要なのは、参加型調査というのは、まぎれもなく人びとの身体的な行為であるという点である。自然に関する経験的な知恵の多くはカンとかコツといわれるようなものが多く（篠原 一九九五）、精神的な価値についてもマイナーサブシステンスにおいて松井健が論じたように「周回する宇宙のなかに、自己の存在を確認する」（松井 一九九八：一六九）ような身体的な行為を通じなければ感じることができないものを伴っている。そのため、これらの知恵や価値を言葉で説明することは困難を極める行為である。たとえば、霞ヶ浦のシゲヨシさんは、小学校の先生に頼まれて子どもを釣りに連れて行ったことをふり返り、「やったことがあるものならば、だいたい魚のいそうな場所というのは見当つく。というか、潜んでいるようなところを見分けるような勘があるわけだが、やったことがないのは、どこにでもいると思っている」[*21]と話してくれた。しかし、この「魚のいそうな場所」の違いが何であるか、「やったこと」のない筆者では言葉だけでは分からない。おそらく、それは実際に「やって」みないと得がたい感覚だろう。

このような経験的な知恵や精神的な価値を表現し他者と共有しようとしたときに、理路整然とした科学的な論理はむしろ不器用ですらある。その点、日常の世界においては必ずしも科学的な知見が経験的な知恵よりも信頼されているわけではない。霞ヶ浦では常陸川水門だけでなく、さまざまな開発事業に対して漁業者たちが激しく抵抗してきた（山口 一九八八）。この開発に対する激しい抵抗の動機のひとつとして、科学的な知見で語るよりも先に、身体に染みついた経験的な知恵のレベルで、開発事業が湖での生態系サービスの享受に不可逆かつ深刻な影響を与えることを直感していたといえる。

このことは熟議型の公論形成の場において想定されている理性的な対話（平井 二〇〇四）の限界を示している。そもそも熟議型の公論形成の場において言説による対話をしていくためには、言葉において表現しなくてはならない。そして、理路整然とその言葉を自在に操ることができなければ、そこで熟議することもままならない。言葉という形態をとらず身体に刻み込まれているものを、言葉だけの熟議の世界で語ろうとするのはきわめて困難な作業である。

たとえば、漁師のケイイチさんが「これは漁師じゃないとわかんねぇ[*22]」と語る、護岸工事をしたことによる霞ヶ浦の波の微妙な変化も、おそらく言葉だけで示すのは難しいだろう。そしてケイイチさんは、「土建屋が砂を入れて波消しを作らない。もってかれるの承知でヨシなんか植えて。ダメだって、波を消してからじゃなきゃぁ[*23]」と、今の霞ヶ浦の自然再生事業でもっとも優先順位が高いのは、霞ヶ浦の湖内で乱反射して増幅されている波浪に対策を打つことだと考えている。しかし、公論形成が、単に言葉によってのみ行われるのであれば、このケイイチさんの問題意識を議論の俎上に載せようとしても、「漁師じゃないとわかんねぇ」と言わしめるような感覚的なものを、なぜ優先順位が高いのか、どうしたら対策が打てるのかを理路整然と示さなくてはならない。それよりも、他の人が、すべてをわかることはできなくても、その「波」を身体でもって経験する方が、おそらくケイイチさんの持っている問題意識がなんであるかを知ることができるだろう。

もちろん、参加型調査によって、そうした経験的な知恵をすべて知ることはできないかもしれない。しかし、参加者が自らの身体を通じて、その一端だけでも感じ取れる可能性は残されているし、言葉で書かれた報告書よりはるかに容易に受けとめられる可能性を持つ。そして、身体的な行為によって得た知が、言葉のみを通じた関係よりもより深いところでお互いを知り人間関係を構築する可能性は十分にある。それが、参加型により多くの人によって共有されることによって、結果的に〈まつりごと〉を、深さの面においても、関与する人間の数においても豊かなものにするといえるだろう。

もともと日常の世界における経験的な知恵や精神的な価値は、多くの場合暗黙的なもので、通常はそれ自体ほとんど意識されない。しかし、参加型調査はそうした無意識の世界を顕在化させる手段のひとつとなる。それは、知恵や価値を持っている当事者にとっても、これまでの日常の世界とは異なる、異文化との接触にも似た効果を持つだろう。宍塚大池において聞き書きを進めていった結果、「宍塚がどこにでもあるつまらないところ」と思っていた地元住民が、「自慢できる宝」と再発見（ＮＡＣＳ－Ｊふれあい調査研究会 二〇〇五）したことは、こうした顕在化がまさに新たな発見となることを示している（丸山 二〇〇五、鬼頭 一九九八ｂ）。

つまり、参加型調査が「参加型」であることの本質は、調査者（参加者）自身の世界の「外側」があることを発見することにある。それは自身の持つ問題設定の思考系ではない、他者の異なる思考系がありうることを意識することでもある。似田貝のいうように、話を聴くことで他者と出会い、経験していくことで、その存在を認めることができ、より多くの異なる論理を併存させていくことができる。

そのため、参加型調査を他者である人と人の交流の契機としての〈まつりごと〉の場として設計することで、熟議型の公論形成の場とは異なるかたちで、望ましい〈再生〉にむけた具体的な納得のプロセスへの入り口を作ることができる。それが、新たに生態系サービスの分配と環境リスクの分配を再構築して、日常の世界を持続していく「人と自然のかかわり」の〈再生〉の第一歩になるといえるだろう。

その意味で、〈再生〉は他者と出会うことから始まるのである。

注

＊1　二〇〇四年九月六日、オサムさんからの聞き取り。

＊2　二〇〇七年三月一六日、ミネオさんからの聞き取り。

＊3　丸山（二〇〇五）がくわしく論じているように、こうした非日常的な磁場をもたらすものの代表が日常の世界の外側からやってくる「よそ者」的なものである。「よそ者」は必ずしも特定の人間である必要はない。ここでいえば、小学校の

廃校（あるいは、そうした状況にならざるをえない状況）そのものも、日常的な世界とは異質なものとしてもたらされる「よそ者」的なものである。

＊4　その点が単なるノスタルジーによる「復元」と一線を画すポイントでもある。たとえば、堤返しが行われていたかつてのため池では、四年に一度、集落内の入札によって利用権が決められていた。かつて行われていた堤返しは、その四年後に魚をいわば収穫するために行われていた行事である。もちろん、昔の「堤返し」作業も現在と同じくある種のイベント的な要素はあったかもしれない。しかし、現在ではそれは（集落内だけでなく）現代の子どもが水辺に触れ、生き物に直接触れるための目的を明確に持って、同じ市内の小学校にも協力を持ちかけている。だからこそ堤返しでは「入札」をする必要はないし、（ため池がいくつもあるなかで）アザメの瀬に隣接するため池二つのみで行われている。そして、子どもたちの参加をより多く得るために、日時や時間、内容についても工夫が必要となるのである。

＊5　したがって「生物多様性の保全」という異質な論理それ自体も非日常的な磁場を発生させている。しかし、関川地区や沖宿地区の例をふまえると専門家がいくら講演をし「生物多様性の保全」という異質な論理を持ち込んでも、それだけでは日常の世界は揺るがないだろう。

＊6　二〇〇八年二月二三日、セイジさんからの聞き取り。

＊7　二〇〇八年二月二三日、セイジさんからの聞き取り。

＊8　二〇〇三年一一月一九日、シゲヨシさんからの聞き取り。

＊9　生物多様性と社会的媒介の多様さという点においては、湯本（二〇一一）が提示する「生物文化多様性」による持続可能性の議論と生態系サービス論は重なり合う。しかし、「生物文化多様性」はあくまで結果としてのシステムの状態を示す言葉であり、次節のようにプロセスとしての生態系サービスの分配の問題を議論することができないという問題がある。

＊10　二〇〇六年六月六日、ケイイチさんからの聞き取り。霞ヶ浦の漁の変遷については、佐賀（一九九五）がくわしい。

＊11　たとえば、淡水の供給を見ると、「世界協調シナリオ」では、先進国も発展途上国も増加・向上するとされているのに対し、「順応的モザイクシナリオ」においては、先進国は向上するものの発展途上国は減少・劣化すると評価されている。

＊12　MAなどの従来の生態系サービスの概念では、生態系から得られるサービスの変化や量の大小を評価することは可能で

も、歴史的に構築されたり消滅したりする享受の社会的媒介に関しての議論を欠いているので、誰によって享受されるのか、その潜在性を含めて評価することは難しい。

＊13　従来の環境正義（environmental justice）の議論は、従来、政治的・経済的・文化的なマイノリティに公害などのリスクが偏在することを明らかにし、その是正を政策に対して求めることが多かったが（Agyeman 2005）、人と自然のかかわりにおいては、生態系サービスと環境リスクの双方の分配の評価が問題になる。

＊14　二〇〇六年一〇月三一日、ゴロウさんからの聞き取り。

＊15　二〇〇六年六月六日、ケイイチさんからの聞き取り。

＊16　このことは、最近注目されているリスクコミュニケーションについても重要な示唆を与えるだろう。もともと順応的で「したたか」に生き抜いてきた地元住民が、むしろ「失敗」を非難し、一見ゼロリスクを求めようとするのは、自分にとって納得がいかない「故なき」リスクの引き受けを拒否しているだけである。むしろ、そこでは歴史的な経緯を含めた理不尽さが解消されなければならない。

＊17　二〇〇六年一〇月八日、ダイスケさんからの聞き取り。

＊18　二〇〇六年一〇月八日、ダイスケさんからの聞き取り。

＊19　工学や農学などの分野も科学技術としての側面を持ち、それぞれ解決すべき問題を抱えているという点では、価値を内包しているといえるだろう。ただ、保全生態学がこれまでの学問と比べて特徴的なのは、「持続可能性」という自然環境を含めた未来への意思に直結する価値を内包するという点である。

＊20　二〇〇六年一〇月八日、ダイスケさんからの聞き取り。

＊21　二〇〇三年一一月一九日、シゲヨシさんからの聞き取り。

＊22　二〇〇六年六月二八日、ケイイチさんからの聞き取り。

＊23　二〇〇六年六月二八日、ケイイチさんからの聞き取り。

# おわりに――謝辞に代えて

ちょうど霞ヶ浦の取り組みを調べていたころ、巷で「自然再生」という言葉が使われ出して、霞ヶ浦をモデルのひとつとして法律も作られようとしていた。それまで自分が調べている霞ヶ浦の取り組みを個別の名前以外でなんと呼べばいいのかと考えていたときにこの言葉と出会ったため、最初は素直に「なるほど『自然再生』と呼べばいいのか」と受け止めていた。

ところが、自然再生推進法の国会での審議も傍聴し、あるいはそのモデルとされる霞ヶ浦で進む湖岸植生の復元工事を見ていて、何か腑に落ちないという感覚が残っていた。もちろん、霞ヶ浦の取り組みはユニークで、今でもその価値は色あせていないと思う。しかし、当時「望ましい自然再生」が自然科学的な言葉で語られ、湖岸では大規模な土木工事もどんどん進んでいくのに、すぐ近くで生きているはずの人びとの姿は見えてこなかった。このままでは、人の営みと自然再生がどこかで乖離してしまう……あまり論理的ではなかったかもしれないが、そんな直感が働いた。もともと大学で生態学の勉強をしようと考えていたものの、物足りなさを感じて環境倫理や環境社会学に興味を持ったという来歴とも重なっていたのかもしれない。そこから、霞ヶ浦の湖岸近くで生きる人びとの姿を知ろうと、本書の内容に直結する最初の「調査」が始まった。

「望ましい自然再生」とは何かという本書での問いを通じて、ここで私が考えようとしたことは、自然との関な問いかもしれないが、本書での試みが自然再生事業や生物多様性の保全の現場での取り組みのヒントとなり、現場で生きる人びとの生を豊かなものとすることに少しでも貢献できればと思う。

本書は二〇〇八年に東京大学大学院新領域創成科学研究科に提出した博士論文をもとに、事例研究部分を核として大幅な加筆修正を行ったものである。生態系も社会も常に変動しているように博士論文執筆当時とは事例の状況にも変化があるが、大きな内容の変更は行っていない。読みなおすほど、直したい点や確かめたい点が出てくるが、それらの点は、ほんらい長い時間がかかるとされている自然再生事業がこれからどうなっていくのか、それをどのように捉えるべきかを含めて多くの方々のご批判をいただき、今後の課題にできれば幸いである。

本書ができあがるまでには、ほんとうに数多くの人のご協力とご支援をいただいた。この場を借りて感謝を申し上げたい。

まず、霞ヶ浦やアザメの瀬の人びとには、東京から来た見ず知らずのアヤシイ青年（?）のインタビューを受けてくださったり、時にその土地の美味しいものをごちそうしてくださったり、単に「インフォーマント」という意味以上にたいへんお世話になった。この方々のご協力がなければ、そもそも研究も本も成立しなかった。ほんらいなら一人ひとりのお名前を挙げて感謝するべきところではあるが、あまりに多くの人びとにお世話になった（なりすぎた）ため、ここに書ききることができない。また、お世話になった方々のなかには、すでに鬼籍に入られて直接感謝を伝えることができない方々もいる。さまざまな失礼をお許しいただきたい。

また、学術面でも多くの方のご支援をいただいた。東京大学の鬼頭秀一教授には、東京農工大学の学部生のころから指導教員としてご面倒をおかけし、研究の構想から取りまとめに至るまでさまざまな面でご指導いただいた。すぐに横道に逸れるうえに、海の物とも山の物とも知れない話ばかり持ってくる私（おそらくゼミ出身者のなかで一番先生を呆れさせた回数は多いと思われる）への粘り強いアドバイスがなければ、そもそも研究活動が持続することはなかっただろう。

また、東京大学の似田貝香門名誉教授、磯部雅彦名誉教授、辻誠一郎教授、鷲谷いづみ教授、清水亮准教授には、文系・理系の枠を超えて共同研究プロジェクトやセミナーなど、さまざまなチャンスやアドバイスをいただき、社会や自然へのまなざし、研究の難しさと奥深さを教えていただいた。

学部から修士課程を過ごした東京農工大学の亀山純生名誉教授や、土屋俊幸教授、高橋美貴准教授には、学生時代から現在に至るまで研究活動を応援していただき、温かく見守っていただいた。このほか鬼頭ゼミに集った個性豊かな方々には、研究内容のディスカッションにつきあっていただいたり、作業を手伝っていただいたりした。とくに、福永真弓さん（大阪府立大学准教授）と保屋野初子さんには、本書の原稿に目を通していただき、的確なアドバイスをいただいた。また、名古屋大学の丸山康司准教授にも、研究の分析を行ううえで重要な示唆をいただいた。とくにお礼を申し上げたい。

本書の研究はさまざまな資金の直接・間接の支援を受けてきた。とくに、日産財団、ニッセイ財団、トヨタ財団など民間の研究助成プロジェクトのなかで、専門家だけでなく、市民を含めた多彩な方々と議論をしながら調査研究を行ったことは、さまざまな刺激を受ける機会となった。また、科学研究費補助金（特別研究員奨励費、16652003、18310027、20243028、22320002、23730477）や環境省技術開発推進費の支援も受けた。

そして、出版不況といわれる折にこの本の出版を快く引き受けてくださった昭和堂の松井久見子さんにも感謝したい。博士論文から出版まで五年もの歳月が経ってしまった原因はすべて私にある。それにもかかわらず、寛大にも原稿の細かいところまでアドバイスしていただいた。

最後に、家族にも感謝したい。妹には奔放な兄の依頼を受けて一部の図版作成を手伝ってもらった。両親は大学院進学を含めて研究活動を続けることを許してくれ、長い間「何をやっているのかよくわからない」息子を応援してもらった。ようやく、すこしは実を結んだと感じてもらえれば幸いである。

二〇一四年一月

富田涼都

# 参考文献


足立重和 二〇〇一「公共事業をめぐる対話のメカニズム――長良川河口堰問題を事例として」舩橋晴俊編『講座環境社会学 二』一四五―一七六、有斐閣

赤松宗旦 一八五八『利根川図誌』（＝柳田国男校訂、一九三八『利根川図誌』岩波書店）

秋道智彌編 一九九九『自然は誰のものか――「コモンズの悲劇」を超えて』昭和堂

秋道智彌・岸上伸啓編 二〇〇二『紛争の海――水産資源管理の人類学』人文書院

Agyeman, Julian, 2005, *Sustainable Communities and Challenge of Environmental Justice*, New York, New York University Press

網野善彦 一九八三「海民の社会と歴史（二）――霞ヶ浦・北浦」『社会史研究』二［＝二〇〇七「霞ヶ浦・北浦――海民の社会と歴史」『網野善彦著作集』一〇：三六一―四〇二］。

網谷祐一 二〇〇八「再生された自然はニセの自然か――R・エリオットの自然再生批判から環境プラグマティズムへ」『科学哲学科学史研究』二：一三三―一四九

荒畑寒村 一九〇七『谷中村滅亡史』平民書房（＝一九九九『谷中村滅亡史』岩波書店）

淺野敏久 一九九〇「霞ヶ浦をめぐる住民運動に関する考察――都市化と環境保全運動」『地理学評論』六三―四：二三七―二五四

淺野敏久 二〇〇七「ローカルな環境運動と地域との関わり――霞ヶ浦の環境に関わる住民・市民運動を事例として」『人文地理』五九―四：二九三―三一四

淺野敏久 二〇〇八『宍道湖・中海と霞ヶ浦――環境運動の地理学』古今書院

Berkes, Fikret, 1999, *Sacred Ecology: Traditional Ecological Knowledge and Resource Management*, Philadelphia: Taylor &

Francis
Berque, Augustin, 1986, *Le Sauvage et l'artifice: Les Japonais Devant la Nature*, Paris: Gallimard（=篠田勝英訳、一九八八『風土の日本』筑摩書房）
ベルク、オギュスタン　一九九〇『日本の風景・西欧の景観――そして造景の時代』篠田勝英訳、講談社（日本語書きおろし）
Berque, Augustin, 2000, *Écoumène: Introduction à l'étude des milieux humains*, Paris, Éditions Belin（=中山元訳、二〇〇二『風土学序説』筑摩書房）
Bookchin, Murray, 1987, "What is Social Ecology", *The Modern Crisis* 49-76, New York, Black Rate Books（=戸田清訳、一九九五「ソーシャル・エコロジーとは何か」小原秀雄監修『環境思想の系譜二　環境思想と社会』一九四―二一七、東海大学出版会）
Chambers, Robert, 1997, *Whose Reality Counts*? Intermediate Technology Publications（=野田直人・白鳥清志監訳、二〇〇〇『参加型開発と国際協力――変わるのはわたしたち』明石書房）
千葉徳爾　一九九一『増補改定　はげ山の研究』そしえて
中央環境審議会　二〇〇四『新・生物多様性国家戦略の実施状況の点検結果（第二回）』平成一六年度中央環境審議会第一回自然環境・野生生物合同部会資料
Costanza, Robert and Ralph d'Arge, Rudolf de Groot, Stephen Farber, Monica Grasso, Bruce Hannon, Karin Limburg, Shahid Naeem, Robert V. O'Neill, Jose Paruelo, Robert G. Raskin, Paul Sutton, Marjan van den Belt, 1997, "The Value of the World's Ecosystem Services and Natural Capital", *Nature* 387: 253-260
出島村史編さん委員会編　一九八九『出島村史』
Daily, Gretchen C., 1997, *Nature's Services: Societal Dependence on Natural Ecosystems*, Washington, D.C.: Island Press
Daily, Gretchen C., 2000, "Management Ojectives for the Potection of Eosystem Srvices", *Environmental Science & Policy* 3: 333-339
Daly, Herman E, 1996, *Beyond Growth: The Economics of Sustainable Development*, Beacon Press Boston（=新田功・藏本

忍・大森正之訳、二〇〇五『持続可能な発展の経済学』みすず書房）

Des Jardins and Joseph R., 2006, *Environmental Ethics: An Introduction to Environmental Philosophy 4th Edition*, Belmont: Wadsworth Thomson

Drengson, Alan R. and Yuichi Inoue eds., 1995, *The Deep Ecology Movement: An Introductory Anthology*, Berkeley: North Atlantic Books（＝井上有一監訳、二〇〇一『ディープエコロジー――生き方から考える環境の思想』昭和堂）

Elliot, Robert, 1982, "Faking Nature", *Inquiry* 251-1: 81-93

Fischer, Joern and David B. Lindenmayer, Adrian D. Manning, 2006, "Biodiversity, Ecosystem Function, and Resilience: Ten Guiding Principles for Commodity Production Landscapes", *Frontiers in Ecology and the Environment* 4-2: 80-86

Freire, Paulo, 1970, *Pedagogia do Oprimido*, Siglo Xxi Ediciones, Rio de Janeiro（＝小沢有作・楠原彰・柿沼秀雄・伊藤周訳、一九七九『被抑圧者の教育学』亜紀書房）

藤垣裕子　二〇〇三『専門知と公共性――科学技術社会論の構築に向けて』東京大学出版会

藤村忠志　一九九四「多摩丘陵における農用林的利用衰退による二次林の植生変化」『造園雑誌』五七―五：二一一―二一六

福井勝義編　一九九五『地球に生きる――自然と人間の共生』雄山閣

福田アジオ　一九九二「民俗学の動向とその問題点」『日本民俗学』一九〇：一―一三

福永真弓　二〇〇七「正統性の生まれる場としての流域――現場から環境倫理を再考するために」『現代文明学研究』八：四二一―四四六

福永真弓　二〇〇八「鮭の記憶の語りから生まれる言説空間と正統性――米国カリフォルニア州マトール川流域を事例に」『社会学評論』五八―二：一三四―一五一

福永真弓　二〇一〇『多声性の環境倫理――サケが生まれ帰る流域の正統性のゆくえ』ハーベスト社

舩橋晴俊　一九九五「環境問題の社会学的視座――『社会的ジレンマ論』と『社会制御システム論』」『環境社会学研究』一：五―二〇

舩橋晴俊　一九九八a「現代の市民的公共圏と行政組織――自存化傾向の諸弊害とその克服」青井和夫・高橋徹・庄司興吉編

『現代市民社会とアイデンティティ』一三四―一五九、梓出版社
船橋晴俊　一九九八b「環境問題の未来と社会変動――社会の自己破壊性と自己組織性」船橋晴俊・飯島伸子編『講座社会学一二　環境』一九一―二二四、東京大学出版会
Guattari, Félix, 1989, *Les Trois Ecologies*, Paris, Galilée（＝杉村昌昭訳、一九九三『三つのエコロジー（改訂増補版）』大村出版）
Geertz, Clifford, 1983, *Local Knowledge: Further Essays in Interpretive Anthropology*, New York: Basic Books（＝梶原景昭・小泉潤二・山下普司・山下淑美訳、一九九一『ローカル・ノレッジ――解釈人類学論集』岩波書店）
Gregory, Jane and Steve Miller, 1998, *Science in Public*, New York: Plenum Press
群馬県　二〇〇一『群馬県総合計画　二一世紀プラン』
原田正純　一九八五『水俣病にまなぶ旅――水俣病の前に水俣病はなかった』日本評論社
原科幸彦　二〇〇五「公共計画における参加の課題」『市民参加と合意形成――都市と環境の計画づくり』一一―四〇、学芸出版社
Hargrove, Eugene C. and Holmes Rolston III, 1998, "From The Editor: After Twenty Years", *Environmental Ethics* 20-4: 339-340
Hargrove, Eugene C. and Holmes Rolston III, 2003, "From The Editor: What's Wrong? Who's to Blame?", *Environmental Ethics* 251-1: 3-4
Harper, John L. and David L. Hawksworth, 1994, "Biodiversity: Measurement and Estimation. Preface", *Philosophical Transactions B* 345: 5-12.
長谷川公一　二〇〇一「環境運動と環境研究の展開」飯島伸子・鳥越皓之・長谷川公一・船橋晴俊編『講座環境社会学 一』八九―一一六、有斐閣
長谷川公一　二〇〇三『環境運動と新しい公共圏――環境社会学のパースペクティブ』有斐閣
林健一　一九五五「平地経済林の経営経済的意義」『農業技術研究所報告H（經營土地利用）』一五：五一―七九
平井亮輔編　二〇〇四『正義――現代社会の公共哲学を求めて』嵯峨野書院

平川秀幸　二〇〇二「リスクの政治学——遺伝子組み換え作物論争のフレーミング分析」小林傳司編『公共のための科学技術』一〇九—一三八、玉川大学出版部
平川浩文　二〇〇二「多様性、高きがゆえに尊からず——生物多様性の保全とは何か」北海道ギャップ分析研究会『北海道におけるギャップ分析研究報告書——新たな生物多様性保全戦略に向けて』一—六、北海道ギャップ分析研究会
平川浩文・樋口広芳　一九九七「生物多様性の保全をどう理解するか」『科学』六七—一〇：七二五—七八四
広木詔三編　二〇〇二『里山の生態学』名古屋大学出版会
廣野善幸・清野聡子・堂前雅史　一九九九「生態工学は河川を救えるか——科学／技術と社会との新たな関係を求めて」『科学』六九—三：一九九—二一〇
北海道大学大学院文学研究科宮内泰介研究室編　二〇〇七『聞き書き　北上川河口地域の人と暮らし——宮城県石巻市北上町に生きる』北海道大学大学院文学研究科宮内泰介研究室
堀川三郎　一九九八「歴史的環境保存と地域再生——町並み保存における「場所性」の争点化」船橋晴俊・飯島伸子編『講座社会学環境一二』一〇三—一三二、東京大学出版会
茨城県・栃木県・千葉県　二〇〇七『霞ヶ浦に係る湖沼水質保全計画（第五期）』
茨城県石岡台地土地改良事業所　一九九六『事業概要書』
茨城県企画開発部編　一九六四『霞ヶ浦水資源開発関係資料集録——第一集』
茨城県企画開発部編　一九六五『霞ヶ浦水資源開発関係資料集録——第二集』
茨城県企画部統計課　二〇〇二『茨城県町丁字別人口調査』
茨城県企画部統計課　二〇〇七『茨城県町丁字別人口調査』
茨城県総務部調査課　一九四八『茨城県臨時農業センサス』
茨城大学農学部霞ヶ浦研究会　一九七九『霞ヶ浦——研究報告集』
茨城民俗学会　一九七三『霞ヶ浦の民俗——美浦村・出島村・麻生町』
井出以誠　一九七二『佐賀県石炭史』金華堂

飯島博　二〇〇〇a「自然保護のための市民型公共事業」『環境と公害』二九―四：三二―三八
飯島博　二〇〇〇b「創造的自然保護のすすめ――霞ヶ浦アサザプロジェクト」『遺伝』五四―四：八三―八七
飯島博　二〇〇三「アサザプロジェクトの挑戦――湖が社会を変える」嘉田由紀子編『水をめぐる人と自然』一五三―一九五、有斐閣
飯島伸子　一九九三『環境社会学』有斐閣
Illich, Ivan, 1973, *Tools for Conviviality*, New York: Harper & Row（＝渡辺京二・渡辺梨佐訳、一九八九『コンヴィヴィアリティのための道具』日本エディタースクール出版部）
Inglis, T. Julian ed., 1993, *Traditional Ecological Knowledge: Concepts and Cases*, Ottawa: International Program on Traditional Ecological Knowledge and International Development Research Centre
井上俊ほか編　一九九六『岩波講座　現代社会学　第二五巻　環境と生態系の社会学』岩波書店
井上真・宮内泰介編　二〇〇一『コモンズの社会学――森・川・海の資源共同管理を考える』新曜社
井上有一　一九九七「エコロジーの三つの原理に関する考察――環境持続性、社会的公正、存在の豊かさ」『奈良産業大学紀要』一三：三―二四
井上有一　二〇〇一「深いエコロジー運動とは何か――ディープ・エコロジー運動の誕生と展開」アラン・ドレングソン、井上有一編『ディープエコロジー――生き方から考える環境の思想』一―二七、昭和堂
井阪尚司・蒲生野考現倶楽部　二〇〇一『たんけん・はっけん・ほっとけん――子どもと歩いた琵琶湖・水の里のくらしと文化』昭和堂
石弘之編　二〇〇二『環境学の技法』東京大学出版会
石井英也　一九八〇「出島村における土地利用の変化」『霞ヶ浦地域研究報告』二：三七―四五
石岡市　二〇〇三『統計いしおか』
石岡市　二〇〇八『統計いしおか』
石岡市史編さん委員会編　一九七九『石岡市史　上巻』

石岡市史編さん委員会編　一九八三ａ『石岡市史　中巻Ⅰ』
石岡市史編さん委員会編　一九八三ｂ『石岡市史　中巻Ⅱ』
石岡市史編さん委員会編　一九八五『石岡市史　下巻（通史編）』
石山徳子　二〇〇四『米国先住民族と核廃棄物――環境正義をめぐる闘争』明石書店
五十川飛暁・鳥越皓之　二〇〇五「水神信仰からみた霞ヶ浦の環境」『村落社会研究』一二―一：三六―四八
糸賀黎・伊藤訓行　一九七五「第一回緑の国勢調査――自然環境保全調査二」『国立公園』三〇五：一―八
岩井雪乃　二〇〇一「住民の狩猟と自然保護政策の乖離――セレンゲティにおけるイコマと野生動物のかかわり」『環境社会学研究』七：一一四―一二八
岩波書店編集部編　一九五七『水郷――潮来』岩波書店
巌佐庸・松本忠夫・菊沢喜八郎・日本生態学会編　二〇〇三『生態学事典』共立出版
Joannes, Robert E., 1989, *Traditional Ecological Knowledge: A Collection of Essays*, Cambridge: IUCN
Jonas, Hans, 1979, *Das Prinzip Verantwortung: Versuch einer Ethik für die Technologische Zivilisation*, Frankfurt am Main: Insel Verlag（＝加藤尚武監訳、二〇〇〇『責任という原理――科学技術文明のための倫理学の試み』東信堂）
嘉田由紀子　一九九五『生活世界の環境学――琵琶湖からのメッセージ』農山漁村文化協会
嘉田由紀子・遊磨正秀　二〇〇〇『水辺遊びの生態学』農山漁村文化協会
柿澤宏昭　二〇〇〇『エコシステムマネジメント』築地書館
亀澤怜治　二〇〇三「市民と行政の協働による自然再生事業の基礎知識」『自然再生事業――生物多様性の回復をめざして』三二四―三五〇、築地書館
亀山純生　二〇〇五『環境倫理と風土――日本的自然観の近代化の視座』大月書店
金森修・中島秀人編　二〇〇二『科学論の現在』勁草書房
環境省編　二〇〇二『新・生物多様性国家戦略』ぎょうせい
環境省編　二〇〇八『第三次生物多様性国家戦略』ビオシティ

環境省編　二〇一〇『生物多様性国家戦略二〇一〇』ビオシティ

環境庁編　一九七六『緑の国勢調査（昭和五一年三月）』

唐津市　二〇〇五『唐津市町別人口・世帯数一覧表』

唐津市　二〇〇七『唐津市町別人口・世帯数一覧表』

加瀬林成夫・中野勇　一九六一「霞ヶ浦におけるワカサギの漁業生物学的研究Ⅵ」『茨城県霞ヶ浦北浦水産事務所調査研究報告』六：一―四八

河川環境管理財団　二〇〇〇『第一回　霞ヶ浦の湖岸植生帯の保全に係る検討会　検討会資料』

河川環境管理財団　二〇〇一ａ『第二回　霞ヶ浦の湖岸植生帯の保全に係る検討会　検討会資料――霞ヶ浦の環境の現状と変遷』

河川環境管理財団　二〇〇一ｂ『第四回　霞ヶ浦の湖岸植生帯の保全に係る検討会　検討会資料――緊急対策工詳細設計図』

河川環境管理財団　二〇〇二『第五回　霞ヶ浦の湖岸植生帯の保全に係る検討会　検討会資料――霞ヶ浦湖岸植生の減退要因の検討について』

霞ヶ浦研究会編　一九九四『ひとと湖とのかかわり――霞ヶ浦』ＳＴＥＰ

霞ヶ浦研究会　二〇〇二『シンポジウム　霞ヶ浦の自然再生を考える　要旨集』

霞ヶ浦・北浦をよくする市民連絡会議　一九九五『市民による環境保全戦略――かすみがうら・ローカルアジェンダ』

霞ヶ浦河川事務所　二〇〇七『霞ヶ浦湖岸植生帯の緊急保全対策評価検討会　中間評価』

霞ヶ浦情報マップ編集委員会編　二〇〇〇『霞ヶ浦情報マップ　歴史文化編』霞ヶ浦市民協会

片桐新自編　二〇〇〇『歴史的環境の社会学』新曜社

加藤尚武　一九九一『環境倫理のすすめ』丸善

加藤尚武編　一九九八『環境と倫理』有斐閣

勝川俊雄　二〇〇七「水産資源の順応的管理に関する研究」『日本水産学会誌』七三―四：六五六―六五九

Katz, Eric. 1992, "The Big Lie: Human Restoration of Nature", *Research in Philosophy and Technology* 12: 231-41

川本隆史　一九九五『現代倫理学の冒険――社会理論のネットワークへ』創文社
川本隆史　二〇〇八「〝不条理な苦痛〟と『水俣の傷み』――市井三郎と最首悟の《衝突》・覚え書」『岩波講座　哲学一　いま〈哲学する〉ことへ』二七七―二九九、岩波書店
川那部浩哉　一九九六『生物界における共生と多様性』人文書院
川那部浩哉　二〇〇三「生物多様性科学とはなにか、それはどのように進められてきたか」川那部浩哉編『生物多様性の世界――人と自然の共生というパラダイムを目指して』八―一五、クバプロ
川那部浩哉　二〇〇七『生態学の「大きな」話』農山漁村文化協会
菊地直樹　二〇〇三「兵庫県但馬地方における人とコウノトリの関係論――コウノトリをめぐる『ツル』と『コウノトリ』という語りとかかわり」『環境社会学研究』九：一五三―一七〇
菊地直樹　二〇〇六『蘇るコウノトリ――野生復帰から地域再生へ』東京大学出版会
岸由二　一九九六『自然へのまなざし』紀伊國屋書店
鬼頭秀一　一九九六『自然保護を問いなおす――環境倫理とネットワーク』筑摩書房
鬼頭秀一　一九九八ａ「環境倫理」沼田真編『自然保護ハンドブック』二九五―三〇二、朝倉書店
鬼頭秀一　一九九八ｂ「環境運動／環境理念研究における『よそ者』論の射程――諫早湾と奄美大島の『自然の権利』訴訟の事例を中心に」『環境社会学研究』四：四四―五九
鬼頭秀一編　一九九九『環境の豊かさをもとめて――理念と運動』昭和堂
鬼頭秀一・福永真弓編　二〇〇九『環境倫理学』東京大学出版会
小出博　一九七五『利根川と淀川』中央公論社
国土交通省河川局　二〇〇六「松浦川水系流域及び河川の概要」『松浦川河川整備基本方針資料』
木平勇吉　二〇〇二「森林計画の立案過程への住民参加」木平勇吉編『流域環境の保全』一二二―一三〇、朝倉書店
小林傳司編　二〇〇二『公共のための科学技術』玉川大学出版部
厚生省大臣官房統計調査部　一九六七『昭和四〇年　人口動態統計』厚生統計協会

久我安隆　二〇〇四『アザメの瀬の概要』アザメの瀬説明資料
黒田暁　二〇〇七「河川改修をめぐる不合意からの合意形成——札幌市西野川環境整備事業にかかわるコミュニケーションから」『環境社会学研究』一三：一五八—一七二。
桑子敏雄　一九九九『環境の哲学』講談社
Leopold, Aldo, 1949, *A Sand County Almanac*, New York Oxford University Press（＝新島義昭訳、一九九七『野生のうたが聞こえる』講談社）
Levin, Simon A., 1999, *Fragile Dominion: Complexity and the Commons*, Cambridge: Perseus Publishing（＝重定南奈子・高須夫悟訳、二〇〇三『持続不可能性——環境保全のための複雑系理論入門』文一総合出版）
牧野昇・会田雄次・大石慎三郎監修　一九八九『人づくり風土記　茨城』農山漁村文化協会
丸山徳次編　二〇〇四『応用倫理学講義二　環境』岩波書店
丸山徳次　二〇〇七「自然再生の哲学（序説）」『二〇〇六年度年次報告書　里山から見える世界』四五二—四七〇、龍谷大学里山学・地域共生学オープン・リサーチ・センター
丸山徳次・宮浦富保編　二〇〇七『里山学のすすめ——〈文化としての自然〉再生にむけて』昭和堂
丸山康司　二〇〇五「環境創造における社会のダイナミズム——風力発電事業へのアクターネットワーク理論の適用」『環境社会学研究』一一：一三一—一四四
丸山康司　二〇〇六『サルと人間の環境問題——ニホンザルをめぐる自然保護と獣害のはざまから』昭和堂
丸山康司　二〇〇七「市民参加型調査からの問いかけ」『環境社会学研究』一三：七—一九
桝潟俊子・松村和則編　二〇〇二『食・農・からだの社会学』新曜社
松田裕之　二〇〇〇『環境生態学序説』共立出版
松田裕之　二〇〇一「生態系管理——システム・リスク・合意形成の科学」『数理科学』四六二：七九—八三
松田裕之　二〇〇五「環境リスクとどうつきあうか？——クマとの共存などを例に」松永澄夫編『環境——安全という価値は……』一三七—一六六、東信堂

松田素二　一九八九「必然から便宜へ――生活環境主義の認識論」鳥越皓之編『環境問題の社会理論―生活環境主義の立場から』九三―一三二、御茶の水書房
松田素二　一九九七「実践的文化相対主義考――初期アフリカニストの跳躍」『民族学研究』六二―二：二〇五―二二六
松井健　一九八九『セミ・ドメスティケイション――農耕と遊牧の起源再考』海鳴社
松井健　一九九八『文化学の脱＝構築――琉球弧からの視座』榕樹書林
松村正治　二〇〇四「環境的正義の来歴――西表島大富地区における農地開発問題」松井健編『沖縄列島――シマの自然と伝統のゆくえ』四九―七〇、東京大学出版会
松村正治　二〇〇七「里山ボランティアにかかわる生態学的ポリティクスへの抗い方――身近な環境調査による市民デザインの可能性」『環境社会学研究』一三：一四三―一五七
松村正治・香坂玲　二〇一〇「生物多様性・里山の研究動向から考える人間――自然系の環境社会学」『環境社会学研究』一六：一七九―一九六
松本安生　二〇〇五「参加と合意に基づく計画の推進」原科幸彦編『市民参加と合意形成――都市と環境の計画づくり』一四五―一七〇、学芸出版社
McAllister, 1991, "What is biodiversity?", *Canadian Biodiversity* 1-1: 4-6
Millennium Ecosystem Assessment, 2005, *Millennium Ecosystem Assessment. Ecosystems & Human Well-being: Synthesis*, Washington D.C.: Island Press（横浜国立大学二一世紀COE翻訳委員会監訳、二〇〇七『国連ミレニアム　エコシステム評価　生態系サービスと人類の将来』オーム社）
水と文化研究会編　二〇〇〇『みんなでホタルダス――琵琶湖知域のホタルと身近な水環境調査』新曜社
南縈佑　一九八一「出島村における縁組による人口移動とその経年変化」『霞ヶ浦地域研究報告』三：一〇九―一二〇
三野功晴　二〇〇二「環境倫理の再検討」『現代社会理論研究』一二：二七七―二八七
見田宗介　一九九六『現代社会の理論――情報化・消費化社会の現在と未来』岩波書店
三浦耕吉郎　一九九五「環境の定義と規範化の力――奈良県の食肉流通センター建設問題と環境表象の生成」『社会学評論』

四五―四：四六九―四八五
三浦耕吉郎　二〇〇五「環境のヘゲモニーと構造的差別――大阪空港『不法占拠』問題の歴史にふれて」『環境社会学研究』一一：三九―五一
宮内泰介　二〇〇四『自分で調べる技術――市民のための調査入門』岩波書店
宮内泰介編　二〇〇六『コモンズをささえるしくみ――正統性《レジティマシー》の環境社会学』新曜社
水資源開発公団　一九七一『霞ヶ浦・北浦水産生物調査報告書』
水資源協会編　一九九六『霞ヶ浦開発事業誌』水資源開発公団
森岡正博　一九九四『生命観を問いなおす』筑摩書房
森岡正博　一九九九「自然を保護することと人間を保護すること――『保全』と『保存』の四つの領域」鬼頭秀一編『講座人間と環境　環境の豊かさを求めて』三〇―五三、昭和堂
森岡正博　二〇〇九「人間・自然――『自然を守る』とはなにを守ることか」鬼頭秀一・福永真弓編『環境倫理学』二五―三五、東京大学出版会
守山弘　一九八八『自然を守るとはどういうことか』農山漁村文化協会
諸富徹　二〇〇三『環境』岩波書店
元木靖　一九八一「蓮根栽培地域考――霞ヶ浦湖岸低地の事例に即して」『埼玉大学紀要（社会科学篇）』二九：一五―三七
村上陽一郎　一九七九『新しい科学論――「事実」は理論をたおせるか』講談社
村田由美　二〇〇〇「霞ヶ浦沿岸のレンコン生産に関する文化生態学的一考察」『目白大学人文学部紀要　地域文化篇』六：六三―七四
ＮＡＣＳ－Ｊふれあい調査研究会　二〇〇五『地域の豊かさ発見＊ふれあい調査のススメ（お試し版）』日本自然保護協会
ＮＡＣＳ－Ｊふれあい調査研究会　二〇一〇『人と自然のふれあい調査はんどぶっく』日本自然保護協会
長崎浩　二〇〇一『思想としての地球――地球環境論講義』太田出版
Naess, Arne. 1973. "The Shallow and the Deep, Long-Range Ecology Movement. A Summary", *Inquiry* 16: 95-100

中村圭吾・西廣淳・島谷幸宏　二〇〇〇「霞ヶ浦（西浦）におけるヨシ原を中心とした沿岸植生帯の縮小化と分断化に関する現状」『環境システム研究論文集』二八：三〇七―三一二
Nash, Roderick Frazier, 1990, *The Rights of Nature: A History of Environmental Ethics*, University of Wisconsin Press（＝松野弘訳、一九九九『自然の権利――環境論理の文明史』筑摩書房）
日本生態学会生態系管理専門委員会　二〇〇五「自然再生事業指針」『保全生態学研究』一〇：六三―七五
日本湿地ネットワーク　二〇〇二『国際湿地シンポジウム・パート一――ラムサール会議に伝えたい日本の湿地再生』
二一世紀「環の国」づくり会議　二〇〇一『「二一世紀『環の国』づくり会議」報告』
西廣淳・川口浩範・飯島博・藤原宣夫・鷲谷いづみ　二〇〇一「霞ヶ浦におけるアサザ個体群の衰退と種子による繁殖の現状」『応用生態工学』四―一：三九―四八
Nishihiro, Jun and Nishihiro（Ajima）Miho, Washitani Izumi, 2005, "Assessing the Potential for Recovery of Lakeshore Vegetation: Species Richness of Sediment Propagule Banks." *Ecological Research* 21: 436-445
似田貝香門　一九七四「社会調査の曲り角――住民運動調査後の覚書」『UP』三―一〇：一―七
似田貝香門　一九八六「コミュニティ・ワークのための社会調査」『公衆衛生』五〇―七：四四一―四四五
似田貝香門　二〇〇六「越境と共存的世界」似田貝香門・矢澤澄子・吉原直樹編『越境する都市とガバナンス』一―三一、法政大学出版会
似田貝香門編　二〇〇八『自立支援の実践知』東信堂
野口将之・尾澤卓思　二〇〇七「松浦川アザメの瀬の自然再生事業（佐賀県）」応用生態工学序説編集委員会編『自然再生への挑戦――応用生態工学からの視点』九〇―九九、学報社
野本寛一　一九八七『生態民俗学序説』白水社
Norton, Bryan G., 2005, *Sustainability: A Philosophy of Adaptive Ecosystem Management*, Chicago: The University of Chicago Press
農林水産省関東農政局茨城統計事務所　一九六〇―二〇〇一『茨城農林水産統計年報』

農林水産省九州農政局佐賀統計事務所　二〇〇七『佐賀農林水産統計年報』
農林水産省統計情報部編　二〇〇一『二〇〇〇年世界農林業センサス　第一巻　茨城県統計書（農業編）』農林統計協会
農林水産省統計情報部編　二〇〇二a『二〇〇〇年世界農林業センサス　第一巻　茨城県統計書（林業編）』農林統計協会
農林水産省統計情報部編　二〇〇二b『二〇〇〇年世界農林業センサス　農業集落カード　茨城県』農林統計協会
農林水産省統計情報部編　二〇〇二c『二〇〇〇年世界農林業センサス　農業集落カード　佐賀県』農林統計協会
農林省統計調査部　一九五六a『昭和三〇年度　農村物価賃金調査報告・特産物価格調査報告』
農林省統計調査部　一九五六b『農林省統計表　第三二次　昭和三〇年』
農林省統計調査部　一九六六『農林省統計表　第四二次　昭和四〇〜四一年』
農林省統計調査部　一九六七『昭和四〇年度　農村物価賃金統計』
沼田真　一九六七『生態学方法論』古今書院
沼田真　一九九四『自然保護という思想』岩波書店
緒方正人　二〇〇一『チッソは私であった』葦書房
岡島成行　一九九〇『アメリカの環境保護運動』岩波書店
奥野良之助　一九七八『生態学入門――その歴史と現状批判』創元社
小野紀明　二〇〇〇「市民概念に関する一考察」『立命館法学』二七四：五三―八二
大越美香　二〇〇四「子ども時代の自然体験と動植物の認識に関する研究」『東京大学農学部演習林報告』一一二：五五―一五三
大熊孝　一九八一『利根川治水の変遷と水害』東京大学出版会
大熊孝　一九八八『洪水と治水の河川史』平凡社
大熊孝　二〇〇二「地域共同体の崩壊と再構築について」木平勇吉編『流域環境の保全』一〇二―一〇七、朝倉書店
大倉季久　二〇〇六「林業問題の経済社会学的解明――徳島県下の林業経営者の取り組みを手がかりに」『社会学評論』五七―三：五四六―五六三

大村敬一　二〇〇二a「『伝統的な生態学的知識』という名の神話を越えて——交差点としての民族誌の提言」『国立民族学博物館研究報告』二七—一：二五—一二〇

大村敬一　二〇〇二b「ヌナヴト野生生物管理委員会における『伝統的な生態学的知識』の活用——現状と問題点」岸上伸啓編『先住民による海洋資源利用と管理——漁業権と管理をめぐる人類学的研究』七五—一〇〇、国立民族学博物館

大村敬一　二〇〇五「差異の反復——カナダ・イヌイトの実践知にみる記憶と身体」『文化人類学』七〇—二：二四七—二七〇

相知町鉱害被害者組合　一九九九『石炭とともに』

相知町史編さん委員会編　一九七一『相知町史　上巻』

相知町史編さん委員会編　一九七七『相知町史　下巻』

相知町史編さん委員会編　一九七八『相知町史　付巻』

大八木智一・石井英也　一九八〇「出島村における栗栽培地域の形成」『霞ヶ浦地域研究報告』二：五五—六七

Passmore, John. 1974, *Man's Responsibility for Nature: Ecological Problems and Western Traditions*, London: Gerald Duckworth & Co. Ltd.（＝間瀬啓允訳、一九七九『自然に対する人間の責任』岩波書店）

Pepper, David. 1984, *The Roots of Modern Environmentalism*, London: Routledge（＝柴田和子訳、一九九四『環境保護の原点を考える——科学とテクノロジーの検証』青弓社）

Pickett, S.T.A., P.S. White 1985 *The Ecology of Natural Disturbance and Patch Dynamics*, London: Academic Press.

Polanyi, Michael, 1966, *The Tacit Dimention*, London: Routledge & Kegan Paul Ltd.（＝佐藤敬三訳、一九八〇『暗黙知の次元』紀伊國屋書店）

Putnam, Robert, 1993, *Making Democracy Work*, Princeton: Princeton University Press（＝河田潤一訳、二〇〇一『哲学する民主主義——伝統と改革の市民的構造』ＮＴＴ出版）

Relph, Edward C. 1976, *Place and Placelessness*, London: Pion（＝高野岳彦・石山美也子・阿部隆訳、一九九九『場所の現象学——没場所性を越えて』筑摩書房）

林野庁指導部　一九九六『霞ヶ浦の水循環からみた整備計画調査報告書』

Sachs, Wolfgang, 1992, "Environment", Wolfgang Sachs ed. *The Development Dictionary: A Guide to Knowledge as Power*, London: Zed Books（三浦清隆ほか訳、一九九六「環境」ヴォルフガング・ザックス編『脱「開発」の時代――現代社会を解読するキイワード辞典』四三―五八、晶文社）
佐賀純一　一九九五『霞ヶ浦風土記――風、波、男と女、湖の記憶』常陽新聞社
佐賀県統計協会　二〇〇七『佐賀県統計年鑑　平成一八年版』
最首悟　一九八三「市井論文への反論」色川大吉編『水俣の啓示（上）』四一三―四二六、筑摩書房
最首悟　一九九二「水俣の傷み」山田宗睦編『人間の痛み』二〇五―二二八、風人社
齋藤純一　二〇〇〇『公共性』岩波書店
斎藤功　一九八二「出島村における機械化の進展と農法の変化」『霞ヶ浦地域研究報告』四：七五―八二
坂本清　一九七九『霞ヶ浦の漁撈習俗（上・下）』筑波書林
坂本清　一九八八『霞ヶ浦の民具と生活』筑波書林
桜井厚　一九八四「川と水道――水と社会の変動」鳥越皓之・嘉田由紀子編『水と人の環境史――琵琶湖報告書』一六三―二〇四、御茶の水書房
桜井厚　一九八九「生活世界と産業主義システム」鳥越皓之編『環境問題の社会理論――生活環境主義の立場から』五五―九二、御茶の水書房
Sale, Kirkpatrick, 1985, *Dwellers in the Land*, San Francisco: Sierra Club
Sartre, Jean-Paul, 1946, *L'existentialisme est un humanisme*, Paris: Nagel（＝伊吹武彦・海老坂武・石崎晴己訳、一九九六『実存主義とは何か（増補新装版）』人文書院）
Sartre, Jean-Paul, 1983, *Carnets de la drôle de guerre: Novemver 1939-Mars 1940*, Paris: Gallimard（＝海老坂武・石崎晴己・西永良成訳、一九八五『奇妙な戦争――戦中日誌』人文書院）
佐藤仁　二〇〇二a「『問題』を切り取る視点――環境問題とフレーミングの政治学」石弘之編『環境学の技法』四一―七五、東京大学出版会

佐藤仁　二〇〇二b『希少資源のポリティクス――タイ農村に見る開発と環境のはざま』東京大学出版会
佐藤常雄・徳永光俊・江藤彰彦編　一九九七『日本農書全集六五』、農山漁村文化協会
Scheffer, Marten and Stephen R. Carpenter, 2003, "Catastrophic Regime Shifts in Ecosystems: Linking Theory to Observation", *Trends in Ecology & Evolution*, 18-12: 648-656
Sen, Amartya Kumar, 1982, *Choice, Welfare and Measurement*, Oxford: Basil Blackwell Publisher（＝大庭健・川本隆史訳、一九八九『合理的な愚か者――経済学＝倫理学的探究』勁草書房）
瀬戸口明久　一九九九「保全生物学の成立」『生物学史研究』六四：一三―二三
瀬戸口明久　二〇〇〇「生態系生態学から保全生物学へ――生態学と環境問題、一九六〇―一九九〇」『生物学史研究』六五：一―一三
瀬戸口明久　二〇〇三「移入種問題という争点――タイワンザル根絶の政治学」『現代思想』三一―一三：一二二―一三四
瀬戸口明久　二〇〇九「『自然の再生』を問う――環境倫理と歴史認識」鬼頭秀一・福永真弓編『環境倫理学』一六〇―一七〇、東京大学出版会
島谷幸宏　二〇〇三『河川の自然再生――松浦川アザメの瀬を対象に』佐賀大学公開講座
島谷幸宏　二〇〇四「市長のリーダーシップで始まった清渓川の復元プロジェクトに期待」『ネルシス』五：四三
島谷幸宏　二〇〇六「東京学芸大学連続講演会　第二回　自然再生と合意形成」『多摩川エコモーション　二〇〇五年度報告書』東京学芸大学多摩川エコモーション事務局
篠原徹　一九九五『海と山の民俗自然誌』吉川弘文館
自然の権利セミナー報告書作成委員会編　二〇〇四『報告　日本における「自然の権利」運動　第二集』「自然の権利」セミナー
関礼子　一九九九a「どんな自然を守るのか――山と海の自然保護」鬼頭秀一編『環境の豊かさを求めて』一〇四―一二五、昭和堂
関礼子　一九九九b「この海をなぜ守るか――織田が浜運動を支えた人々」鬼頭秀一編『環境の豊かさを求めて』一二六―

一四九、昭和堂
関礼子　二〇〇三「生業活動と『かかわりの自然空間』――曖昧で不安定な河川空間をめぐって」『国立歴史民俗博物館研究報告』一〇五：五七―八七
Shrader-Frechette, Kristin, 1991, *Environmental Ethics, 2nd Edition*, Pacific Grove: Boxwood Press（＝京都生命倫理研究会訳、一九九三『環境の倫理（上・下）』晃洋書房）
Shrader-Frechette, Kristin, 2002, *Environmental Justice: Creating Equality, Reclaiming Democracy*, Oxford University Press
Singer, Peter, 1975, *Animal Liberation*, Avon Books（＝戸田清訳、一九八八『動物の解放』技術と人間）
白水士郎　二〇〇〇「環境倫理学はどうすれば使いものになるか――環境プラグマティズムの挑戦」加藤尚武編『倫理学サーベイ論文集』一〇〇―一二七、京都大学文学研究科倫理学研究室
白水士郎　二〇〇四「環境プラグマティズムと新たな環境倫理学の使命――『自然の権利』と『里山』の再解釈へ向けて」丸山徳次編『応用倫理学講義二　環境』一六〇―一七九、岩波書店
宍塚の自然と歴史の会　一九九九『聞き書き　里山の暮らし――土浦市宍塚』
宍塚の自然と歴史の会　二〇〇五『続聞き書き　里山の暮らし――土浦市宍塚』
総務省　二〇〇八『自然再生の推進に関する政策評価』
Stone, Christopher D., 1972, "Should Trees Have Standing?: Towards Legal Rights. for Natural Objects, *Southern California Law Review*, 45: 450-501（＝岡嵜修・山田敏雄訳、一九九〇「樹木の当事者適格――自然物の法的権利について」『現代思想』一八―一一：五八―九八、一八―一二：二一七―二二八）
Suding, Katharine and Katherine Gross, Gregory Houseman, 2004, "Alternative States and Positive Feedbacks in Restoration Ecology", *Trends in Ecology & Evolution* 19-1: 46-53
菅豊　一九九〇「『水辺』の生活誌――生計活動の複合的展開とその社会的意味」『日本民俗学』一八一：四一―八一
菅豊　一九九四「『水辺』の開拓誌――低湿地農耕ははたして否定的な農耕技術か?」『国立歴史民俗博物館研究報告』五七：六三―九四

菅豊　二〇〇一a「コモンズとしての『水辺』――手賀沼の環境誌」井上真・宮内泰介編『コモンズの社会学』九六―一一九、新曜社
菅豊　二〇〇一b「自然をめぐる労働論からの民俗学批評」『国立歴史民俗博物館研究報告』八七：五三―七四
菅豊　二〇〇三「『水辺』の開拓史――近世中期における堀上水田工法の発展とその要因」『国立歴史民俗博物館研究報告』一〇五：三五七―三八〇
諏訪雄三　一九九六『アメリカは環境に優しいのか――環境意思決定とアメリカ型民主主義の功罪』新評論
鈴木克哉　二〇〇八「野生動物との軋轢はどのように解消できるか？――地域住民の被害認識と獣害の問題化プロセス」『環境社会学研究』一四：五五―六九
食糧庁編　二〇〇一『米価に関する資料』
田口洋美　一九九四『マタギ――森と狩人の記録』慶友社
田口洋美　二〇〇〇「生業伝承における近代――軍部の毛皮収集と狩猟の変容をとおして」香月洋一郎・赤田光男編『講座日本の民俗学一〇』：三二一―五二、雄山閣出版
田口洋美　二〇〇四a「狩猟・市場経済・国家――帝国戦時体制下における軍部の毛皮市場介入」赤坂憲雄編『現代民俗誌の地平二　権力』一〇―三八、朝倉書店
田口洋美　二〇〇四b「マタギ――日本列島における農業の拡大と狩猟の歩み」『地学雑誌』一一三―二：一九一―二〇二
Takacs, David, 1996, *The Idea of Biodiversity*, Baltimore: Johns Hopkins University Press（＝狩野秀之・新妻昭夫・牧野俊一・山下恵子訳、二〇〇六『生物多様性という名の革命』日経ＢＰ社）
Thoreau, Henry D., 1854, *Walden, or Life in the Woods*, Boston: Ticknor and Fields（＝真崎義博訳、一九九八『森の生活』宝島社）
高橋伸夫・市南文一　一九八一「出島村における生活行動に関する地理学的研究」『霞ヶ浦地域研究報告』三：五七―七六
高橋美貴　二〇〇一「生業史の射程――網野善彦著『中世民衆の生業と技術』から」『ＵＰ』三〇―九：一―五
武雄河川事務所　二〇〇一―二〇〇六『アザメ新聞』

武内和彦・亀山章　一九七八「植生自然度をめぐる諸問題」『応用植物社会学研究』七：一―八
武内和彦・鷲谷いづみ・恒川篤史編　二〇〇一『里山の環境学』東京大学出版会
丹下孚・加瀬林成夫　一九五〇『茨城県内水面漁具漁法調査報告』茨城県
鶴理恵子　二〇〇九「農村ビジネスは集落を再生できるか――岡山県高梁市の事例から」『村落社会研究』四五：一二一―一六一
寺嶋秀明・篠原徹編　二〇〇二『エスノサイエンス』京都大学学術出版会
富田涼都　二〇〇六「生物多様性と『まもるべきもの』をめぐる『ねじれ』――『生物多様性の保全』は何を『保全』するのか？」『自然再生の理念に関する環境倫理学的研究（文部科学省科学研究費補助金成果報告書・課題番号一六六五二〇〇三）』一七六―一八四
富田涼都　二〇〇七a「ひとや社会から考える自然再生――自然再生はなにの再生なのか」鷲谷いづみ・鬼頭秀一編『自然再生のための生物多様性モニタリング』一四二―一五七、東京大学出版会
富田涼都　二〇〇七b「『自然の設計』の思想――生物多様性を保全するしくみを『設計』するために」松永澄夫編『環境――設計の思想』一八一―二一二、東信堂
富田涼都　二〇〇八「順応的管理の課題と『問題』のフレーミング――霞ヶ浦の自然再生事業を事例として」『科学技術社会論研究』五：一一〇―一二〇
富田涼都　二〇〇九「政策から政／祭へ――熟議型市民政治とローカルな共的管理の対立を乗り越えるために」鬼頭秀一・福永真弓編『環境倫理学』二二七―二三九、東京大学出版会
富田涼都　二〇一〇「自然環境に対する協働における『一時的な同意』の可能性――アザメの瀬自然再生事業を例に」『環境社会学研究』一六：七九―九三
富田涼都　二〇一三「なぜ順応的管理はうまくいかないのか――自然再生事業における順応的管理の「失敗」から考える」宮内泰介編『なぜ環境保全はうまくいかないのか――現場から考える「順応的ガバナンス」の可能性』三〇―四七、新泉社
富田涼都（印刷中）「野生生物と社会の関係における多様な価値を踏まえた環境ガバナンスへの課題――霞ヶ浦の自然再生事業

を事例として」『野生生物と社会』一―一二
戸谷英雄・山内豊　二〇〇八「霞ヶ浦湖岸植生保全対策のモニタリング・評価と順応的管理」『河川環境総合研究所報告』一四：八一―九五
鳥越皓之　二〇〇一「人間にとっての自然――自然保護論の再検討」鳥越皓之編『講座環境社会学三』一―二三、有斐閣
鳥越皓之　二〇〇二『柳田民俗学のフィロソフィー』東京大学出版会
鳥越皓之　二〇一〇「霞ヶ浦の湖畔住民の環境意識」鳥越皓之編『霞ヶ浦の環境と水辺の暮らし――パートナーシップ的発展論の可能性』二一九―二三二、早稲田大学出版部
鳥越皓之・嘉田由紀子編　一九八四『水と人の環境史――琵琶湖報告書』御茶の水書房
東京帝國大學農學部農政學研究室　一九三八『更生運動下の農村』
東京市、n.d.『霞ヶ浦ヲ水源トスル東京市第三水道擴張調査書』（出版年不詳）
土浦市　二〇〇七『統計つちうら』
土浦市　二〇〇八『土浦市地区別（町丁目）別人口及び世帯数一覧』
土浦市史編さん委員会編　一九七五『土浦市史』
土屋俊幸　一九九七「リゾート開発反対運動の展開とその論理――自然保護運動における位置づけ」松村和則編『山村の開発と環境保全』三一一―三三五、南窓社
内山節　一九八六『自然と労働――哲学の旅から』農山漁村文化協会
内山節　二〇〇五『「里」という思想』新潮社
内山節　二〇〇九『怯えの時代』新潮社
宇井純　一九六八『公害の政治学』三省堂
宇根豊　二〇〇一『「百姓仕事」が自然をつくる』築地書館
浦野紘平・松田裕之編　二〇〇七『生態環境リスクマネジメントの基礎――生態系をなぜ、どうやって守るのか』オーム社
宇沢弘文　二〇〇〇『社会的共通資本』岩波書店

鷲谷いづみ・矢原徹一　一九九六『保全生態学入門――遺伝子から景観まで』文一総合出版
鷲谷いづみ　一九九八「生態系管理における順応的管理」『保全生態学研究』三：一四五―一六六
鷲谷いづみ・飯島博編　一九九九『よみがえれアサザ咲く水辺――霞ヶ浦からの挑戦』文一総合出版
鷲谷いづみ・鬼頭秀一編　二〇〇七『自然再生のための生物多様性モニタリング』東京大学出版会
鷲谷いづみ・草刈秀紀編　二〇〇三『自然再生事業――生物多様性の回復をめざして』築地書館
鷲谷いづみ・椿宜高・夏原由博・松田裕之編　二〇一〇『地球環境と保全生物学』岩波書店
鷲谷いづみ・武内和彦・西田睦　二〇〇五『生態系へのまなざし』東京大学出版会
渡辺敦子・鷲谷いづみ　二〇〇三「アメリカの自然再生事業」鷲谷いづみ・草刈秀紀編『自然再生事業――生物多様性の回復をめざして』築地書館
渡辺敦子　二〇〇七「保全生態学が提案する社会調査」鷲谷いづみ・鬼頭秀一編『自然再生のための生物多様性モニタリング』一〇七―一二一、東京大学出版会
渡邊徹　一九八七『農村における年中行事――石岡市井関地方』
渡辺豊吉　一九七四「握りつぶされた報告書――科学と政治と漁民たち」『技術と人間』三―五：七六―八三
Walters, Carl J. and Ray Hilborn, 1976"Adaptive Control of Fishing Systems" *Journal of the Fisheries Research Board of Canada*: 145-159
Wellman, Barry, 1979, "The Community Question: The Intemate Network of East Yorkers", *American Journal of Sociology* 84: 1201-1231（＝野沢慎司・立川徳子訳、二〇〇六「コミュニティ問題――イースト・ヨーク住民の親密なネットワーク」野沢慎司編『リーディングス　ネットワーク論』一五九―二〇〇　勁草書房）
Weston, Anthony, 1985, "Beyond Intrinsic Value: Pragmatism in Environmental Ethics", *Environmental Ethics* 7: 321-339
White, Lynn, Jr. 1968, *Machina ex Deo: Essays in the Dynamism of Western Culture*, Massachusetts: The MIT Press（＝青木靖三訳、一九九九『機械と神――生態学的危機の歴史的根源』みすず書房）
Wilson, Edward O., 1984, *Biophilia*, Harvard University Press（＝一九九四、狩野秀之訳『バイオフィリア』平凡社）

Wilson, Edward O., 1992, *The Diversity of Life*, Cambridge: Harvard University Press（＝大貫昌子・牧野俊一訳、二〇〇四『生命の多様性（上・下）』岩波書店）
矢原徹一・川窪信光　二〇〇二「復元生態学の考え方」種生物学会編『保全と復元の生物学』二二三―二三三、文一総合出版
山口武秀　一九八八『霞ヶ浦住民の闘い――高浜入干拓阻止の証言』筑波書林
山本勝利・糸賀黎　一九八八「茨城県南西部におけるアカマツ平地林の森林型とその分布」『造園雑誌』五一―五：一五〇―一五五
山本正三・田林明・菊地俊夫　一九八〇「霞ヶ浦地域における蓮根栽培」『霞ヶ浦地域研究報告』二：一―一五
安室知　一九九二「存在感なき生業研究のこれから――方法としての複合生業論」『日本民俗学』一九〇：三八―五五
安室知　二〇〇一「『水田漁撈』の提唱――新たな漁撈類型の設定に向けて」『国立歴史民俗博物館研究報告』八七：一〇七―一三九
結城登美雄　二〇〇九『地元学からの出発――この土地を生きた人びとの声に耳を傾ける』農山漁村文化協会
湯本貴和編　二〇一一『シリーズ日本列島の三万五千年　人と自然の環境史　第一巻　環境史とは何か』文一総合出版
吉本哲郎　一九九五『わたしの地元学――水俣からの発信』ＮＥＣクリエイティブ
Zimmermann, Erich, 1964, *Erich W. Zimmermann's Introduction to World Resources*, Henry L. Hunker, ed., New York: Harper & Row Publishers（＝石光亨訳、一九八五『資源サイエンス――人間・自然・文化の複合』三嶺書房）

# 索　引

## あ行



## か行

## さ行



## た行

## な行



## は行



## ま行

## や行



## ら行



## 略語

■著者紹介

富田涼都（とみた・りょうと）

1979年生まれ。東京都出身。1998年東京都立青山高校、2002年東京農工大学農学部地域生態システム学科卒業。2004年東京農工大学大学院共生持続社会学専攻修士課程、2008年東京大学大学院新領域創成科学研究科社会文化環境学専攻博士課程修了。博士（環境学）。2010年から静岡大学農学部共生バイオサイエンス学科助教。専門は、環境社会学、環境倫理学、科学技術社会論。生物多様性の保全と地域社会の関係、資源管理、人と自然のふれあい調査（参加型調査）などの研究を行ってきた。

主な著作に「なぜ順応的管理はうまくいかないのか――自然再生事業における順応的管理の『失敗』から考える」（宮内泰介編『なぜ環境保全はうまくいかないのか――現場から考える『順応的ガバナンス』の可能性』新泉社、2013年、所収）、「自然環境に対する協働における『一時的な同意』の可能性――アザメの瀬自然再生事業を例に」（『環境社会学研究』16号、2010年）、「政策から政／祭へ――熟議型市民政治とローカルな共的管理の対立を乗り越えるために」（鬼頭秀一・福永真弓編『環境倫理学』東京大学出版会、2009年、所収）など。

自然再生の環境倫理――復元から再生へ

2014年３月31日　初版第１刷発行

著　者　富田　涼都

発行者　齋藤万壽子

〒606-8224　京都市左京区北白川京大農学部前
発行所　株式会社昭和堂
振替口座　01060-5-9347
TEL(075)706-8818／FAX(075)706-8878
ホームページ　http://www.showado-kyoto.jp



印刷　亜細亜印刷

ISBN 978-4-8122-1354-4

山本早苗 著
棚田の水環境史
琵琶湖辺にみる開発・災害・保全の一二〇〇年
本体5200円＋税

丸山徳次
宮浦富保 編
里山学のすすめ
〈文化としての自然〉再生にむけて
本体2200円＋税

シュレーダー＝フレチェット 著
松田毅 監訳
環境リスクと合理的意思決定
市民参加の哲学
本体4300円＋税

イルガンク 著
松田毅 監訳
解釈学的倫理学
科学技術社会を生きるために
本体5500円＋税

石坂晋哉 著
現代インドの環境思想と環境運動
ガーンディー主義と〈つながりの政治〉
本体4000円＋税

金沢謙太郎 著
熱帯雨林のポリティカル・エコロジー
先住民・資源・グローバリゼーション
本体5000円＋税